DER PERFEKTE TELLER

完 美 擺 盤

| *163* 種裝飾手法 | *55* 道料理 | *725* 張步驟圖解 |

布局設計 ✕ 色味搭配 ✕ 菜單規劃

輕 鬆 營 造 Fine Dining 精 緻 感

Anke Noack

安可・諾克——著　劉于怡——譯

Anrichten wie die Profis: Rezepte, Tipps & Inspirationen

Contents

輕鬆上手

裝飾

餐點

食譜

參考資料

凡事總有開始

忙碌、嘈雜，「第四桌，三十秒！」有人對著廚房低聲傳令——這是我實習的第一天，站在倫敦星級餐廳「珀翠」（Petrus）的出菜口，廚房裡的工作團隊有如管弦樂團般運作，令我驚訝不已：就在這三十秒內，一秒不差，一個廚師緊接著另一個上前，如閃電般迅速。傳給主廚的，是一個個小碟子，上面盛放著四號桌客人餐點中的食物，保溫燈下，主廚井然有序地將烹調好的食物擺進盤子。他一絲不苟地把根芹菜泥、煎得恰恰好的菲力牛排、半顆朝鮮薊、煎得脆脆的培根、炸洋蔥圈、香料，還有放在最後、但同樣重要的醬汁——擺放至盤中，一幅藝術作品於焉誕生。而我，就像在大師背後看著大師作畫一樣。最後，主廚用布輕輕擦掉幾乎看不見的殘漬——完工，這道菜馬上端到客人面前，請慢用！

看著一盤盤精心擺設的菜餚，我突然領悟到：盤中餐點的每一項食物，不僅在味覺上是美味可口的原料，在視覺上，也是拼貼藝術裡的一塊塊馬賽克。食物的味道固然是關鍵，但造成單純進食及美食享受之間細微差異的原因，則在於充滿想像力及注重細節的擺盤藝術。擺盤將美食變成視覺享受，使用餐成為一種體驗。

這種變化不只會發生在星級餐廳裡，也可以在自家廚房實現。只是，我們常常缺乏靈感及耐性，或者我們不知道，在家做飯時只要運用一些小技巧，就能使端出來的菜餚也成為視覺饗宴。頓悟這點後，我在「珀翠」實習時，便特別爭取能觀摩大師擺盤的每一次機會，認識各種靈感與巧思。這段在泰晤士河畔的日子，以及後來在許多餐廳的實習經驗，是我在影視圈內擔任執業律師工作好幾年後，犒賞自己的休假，並趁機實現多年來的夢想——到英國的廚藝學院進修。我在英國歷史悠久的坦特瑪麗烹飪學院（Tante Marie Culinary Academy）不僅學到烹飪的基本知識，還學到如何肢解整隻動物，以及烤麵包、片魚的技巧，學習如何烹煮傳統醬料，以及如何幫大型活動規劃餐飲服務。二○一二年倫敦奧運時，我有幸成為貴賓廚房的一員，甚至能為英國皇家成員烹飪。

這段忙碌充實的日子，對我而言每分每秒都是享受，而且學到的東西不可勝數。在此之後，我將自己對擺盤的興趣，以及只要稍稍改變就有驚人效果的驚喜發現，帶到私人生活，以及我在維也納的私廚（Genusskartell）中。這個私廚是我個人的實驗廚房及擺盤遊樂場，在這裡，我嘗試將自己學來的竅門及各式技巧，靈活運用在自

家廚房中。

　　每一次嘗試，都令我更熱衷於擺盤。我本來就喜歡烹飪，但在「珀翠」餐廳的經驗令我大開眼界，我終於理解當一道菜好吃又好看時，效果將是多麼驚人。我也終於知道，不需要星級廚房或廚師團隊才能做到這點。只要抓到基本訣竅，每個人都可以花少許的力氣，就能將餐點變成一場視覺饗宴。試試看，你就會知道差別是多麼顯著！

　　我希望這本書能將我在擺盤中所得到的樂趣傳達給讀者，並傳授所有與之相關的知識及技巧，讓讀者能在自家廚房裡自由發揮。這本書除了能帶給讀者靈感及啟發想像力之外，也像顏料盒或組成元素一樣，讓讀者可以靈活運用本書所言，自行擷取組合，並在餐盤中盡情發揮個人的創意。但請記得——沒有所謂正確的擺盤方式，只要你與你的客人高興，想怎麼擺都可以。

　　最後祝大家胃口大開，還有別忘了，盡情嘗試各種擺盤方式吧！

Anke Noack

安可・諾克

前　言

擺 盤 的 樂 趣

美食享受並非從嘴巴，而是從腦袋開始。看到擺設精緻的盤中飧，我們就會在腦袋裡想像食物的美味，不知不覺開始流口水。若再加上麵包及肉排剛出爐的香味，或者香噴噴、熱騰騰的蘋果奶酥，我們便會情不自禁地拜倒在美食之下。擺盤愈是賞心悅目，氣味愈是濃郁，美食體驗就愈深刻。然而，食物的外觀並不只決定我們是否將臣服於誘惑而已，研究人員還發現，食物外觀愈美，我們會覺得愈好吃。

所以，不管你是想要好好犒賞自己，烹煮一頓浪漫的晚餐，還是想在朋友面前展現你的烹調技藝，要記得：不僅是食物的味道，就連餐桌及擺盤造成的視覺效果，也都會影響食慾。優雅的餐具及典型的香草配飾只是第一步，若想讓一頓飯變成一次難忘的經驗，就要再多一點計畫與

準備。聽起來很麻煩嗎？別怕，掌握基本原則一點都不難，再加上本書的引導，只要稍微練習一下，你就可以做出驚人的效果。

本書第一及第二部分提供你在計畫及準備餐點時，必須注意的一些實用資訊，以及如何擺盤的想法及靈感。此外，你還可以透過製作裝飾元素的分解步驟照片，了解如何將餐盤變成視覺藝術。

在第三及第四部分則有一些能讓你照做的餐點，從附圖中你也可以參考範例，明白如何一步步創造出你自己的「廚藝作品」。我所選擇的食譜著重在開胃菜、前菜、主菜及甜點上，食譜難度從給廚房新手的簡單食譜，到給老手的複雜菜色，皆一應俱全。

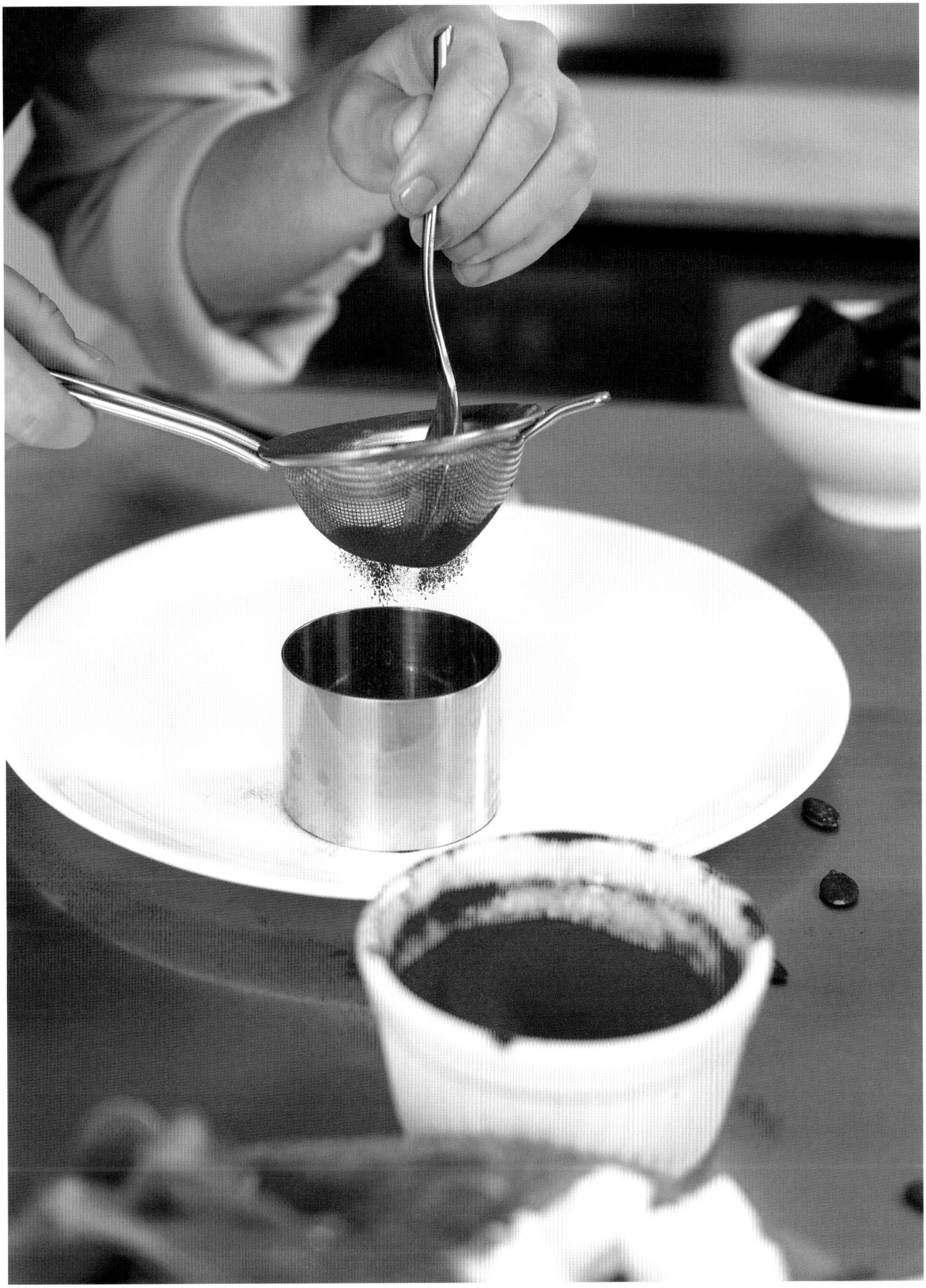

So einfa

ch geht's

輕鬆上手

創意擺盤是運用不同的元素，巧妙做出各種變化，將餐盤變成完整藝術作品的過程。第一步驟是菜單規劃，接下來是選擇合適的餐具及擺飾，最後的壓軸大戲，當然就是擺盤。

完美擺盤

開始吧！

輕鬆上手

菜單規劃

基本考量

規劃菜單前,首先要考慮的是:舉辦餐宴的原因、客人是誰、你的廚房設備及擁有的餐具,以及預計花費多少時間在準備、烹飪及擺設上。這些因素都會影響你最終決定端出什麼樣的菜色,以及如何擺盤及上菜等方式。下面幾個重點尤其重要:

1 舉辦**餐宴的原因**?是浪漫的燭光晚餐、朋友間酣暢淋漓的饗宴,還是同事間較正式的宴會?賓客人數、準備時間、金錢預算,以及菜色與擺設的選擇,都會隨不同的宴客原因而有不同的決定。

2 在採買、準備及擺設上,你想花**多少時間**(以及耐性)?時間愈多,菜色及裝飾當然就可以愈複雜。若是時間不多,最好選擇較簡單的菜色,搭配精心挑選的裝飾及令人驚豔的擺盤方式,即可為你的餐點加分。

3 餐宴時,你希望自己**是廚師還是主人**?繁複的擺盤固然很美,但相當耗費時間。餐宴愈要求精緻,準備及烹飪擺盤所花的時間就愈多。請記得:若想追求烹飪及造型的完美,那你整個晚上大部分的時間都會花在擺盤及準備出餐上。若

你不想錯過與大家在餐桌上的閒談,那就該選擇易於準備的菜色,以及專注於你所精選出來的視覺焦點即可。既想追求完美又想與大家同樂,幾乎是不可能兼顧的任務。由於家裡沒有星級餐館裡的廚師團供你差遣,所以簡單通常也是較好的選擇,這同時也可避免出現擺盤精緻亮眼,但上桌時食物卻已冷掉的窘境。

4 你想將菜分好,**一人一份擺盤上菜**,或是安排客人坐在**布置好的長桌邊**,讓客人以碗盤自取?後者在進餐時你可以省下很多時間,而前者有較多的機會在擺盤上展現創意,但烹調及擺盤都需更多的時間與精力。一旦客人較多,兩者所需的時間精力差異就會相當明顯。

5 **客人是誰?**他們愛吃及不吃什麼?男人一般比女人食量大,運動選手通常偏好蛋白質高的食物。規劃菜單時,應考慮客人是否吃素或純素(vegan),或者對特定的食材(例如麩質、乳製品或堅果)過敏。

6 你計畫上**好幾道菜的套餐**,還是**僅只一道**?若是套餐,每道菜彼此間應要有所呼應,而且食材最好不要重複。若只有一道,則要留意分量,別讓客人餓著肚子回家。

7 最後別忘了,**烹調器具及餐具**是否足夠因應烹飪及上菜時之所需?

食材

規劃菜單時,首先應該確定每一道菜的**主要食材**為何,然後才能**逐步**決定其他像是**配菜**或**裝飾元素**的部分。一道菜裡要有多少組成部分,不只是味覺上的問題,也是時間的問題。作為主菜,除了主要食材之外,至少還要搭配一份蔬菜、一份碳水化合物,例如馬鈴薯、米飯或義式麵食,還要再加上醬汁以及一到兩種的裝飾元素。更多的組成成分當然可以讓餐盤看起來更豐盛,但能夠吸引住目光的,並非什麼都要講究繽紛多樣,而是在**各種食材間的顏色、味道、質地及烹調方式之間尋求平衡。**

顏色

要想展現出最佳的擺盤視覺效果,重點在於食材以及組成成分在顏色上的和諧。**對比配色**通常會使整體看起來更漂亮,且會創造出更有意思的視覺效果;相較之下,統一的色調就顯得單調乏味,就像在馬鈴薯泥上放雞胸肉,再搭配烤歐防風(pastinaken)。但如果將馬鈴薯泥改成番薯泥,歐防風換成青脆可口的綠花椰菜,光是不同的顏色,就能使這道菜看起來更為美味。若再配上一些額外的裝飾元素,例如紅蔥頭酥、炸馬鈴薯細絲、一小團羅勒青醬或蔬菜脆片,如此一來,就能成就一道色彩繽紛的可口菜餚,保證能帶來全新的體驗。

如果你不想把一道菜搞得像放煙火般五彩斑斕,也可以選擇一個合適的顏色作為**焦點**,再搭配一種對比顏色。請記得基本原則:**一道菜至少要有兩種不同的色調。**

若**食材顏色太過相近**,或者菜餚顏色本身偏向黯淡(湯品或肉類很容易出現這種情況),就可以使用紅、綠、紫等顏色鮮豔的配菜或是裝飾元素,使餐點看起來更活潑。彩色的裝飾元素有剛摘下的新鮮香草、沙拉菜葉、水果、蔬菜,或是食用花卉等等,各自拿來搭配不同的菜餚,可增加視覺效果。至於什麼是合適的裝飾元素,讀者可在第56頁找到靈感。

此外,也可以挑選**同種類但不同顏色**的蔬菜來作搭配,例如紫色馬鈴薯、黃金甜菜根及紫色胡蘿蔔。也可以將食材**染色**,產生顏色對比的效果,例如拿甜菜根浸漬鮭魚,魚肉邊緣會變成紫色;若使用蛋白霜(meringue)做甜點,可以使用像覆盆子之類的水果泥來改變顏色;海鮮義大利燉飯就可以用墨魚汁染黑。當然還可以使用食用色素,來改變食物的顏色。

味道

一道美味可口的完美餐點,祕訣就在於**食物搭配**(food pairing)。所謂的食物搭配就是替主要食材(也就是一道菜的「明星」)找出合適的配菜及裝飾元素,融合各種不同味道,成為一個完美的整體。利用配菜能陪襯或對比出主要食材的味道,除了組成部分各自的味道之外,最重要的還是彼此之間必須能相互配合才行。

想完美融合各種不同味道,必須先了解我們如何感受食物的滋味。舌頭具有味覺感受器,能嘗出**酸、甜、鹹、苦,以及所謂的鮮味(umani)這五種味道**。除此之外,舌頭也能接

收像辛辣、酒精或油膩等**其他感覺**。當一道菜的五味及其他感覺顯得均衡時，我們會覺得這道菜的味道「圓潤順口」。不過，餐點是否美味，不只是取決於舌頭上的味覺感受器而已，還有眼睛與鼻子──在味覺體驗中，光是**嗅覺**就占了百分之八十的分量。因此，不只是味道，氣味與視覺上的和諧也非常重要。

使用**味道對比的食材**，通常是引人食指大動的關鍵。下圖顯示哪些味道為相互對比，很適合用彼此來搭配。例如，當你準備請客人吃黑巧克力蛋糕時，就很適合用鹽味焦糖醬這類的鹹味元素與巧克力的苦味相互映襯。或者，也可以用百香果凝膠搭配起司蛋糕，水果的微酸滋味會使得蛋糕不會過於甜膩。

大多數的食材都有**各種不同的搭配組合**，只要願意多方嘗試，就能開發出全新的味道組合。

坊間有所謂的味道百科，或在網路上以關鍵字「食物搭配」搜尋，就可以發現不少創意及靈感。下頁圖便是以朝聖扇貝（Jakobsmuschel）為例，舉出各種搭配的可能性。

如果你已經知道哪些食材能夠搭配**主要食材**，接下來要考慮的，就是這道菜的**風格走向**，例如，這是要拿來當作一道清淡爽口的夏日前菜，或者配上肉類當成主菜？以**朝聖扇貝**為例，假設你選擇拿它作前菜，那麼搭配豌豆薄荷泥、西班牙chorizo臘腸以及鱒魚卵，便是一道最典型的爽口夏日餐點──略帶堅果甜味、味道平順溫和的扇貝，與新鮮爽口的蔬菜泥互相映襯，與微辣重口的臘腸形成對比，再由鱒魚卵增添另一種富含海鮮風味的鹹味。如果想將其變成一道主菜，那麼搭配稍鹹的五花肉、番薯泥及醃漬芥末籽是很好的選擇；或者稍微清淡一點，搭配五花肉以及蘋果茴香沙拉，能帶出更多的酸味。若想別出心裁，那麼以扇貝作為開胃菜，則可以加點芒果龍舌蘭調酒，別忘了灑上一點辣椒粉添加辣味；或者，讓扇貝佐以白巧克力醬，搭配魚子醬以及略帶甜味的新鮮豌豆苗。

相互對比的味道

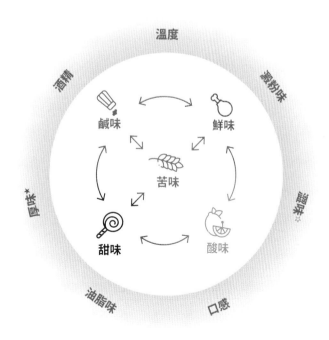

☆ 澀味（astringent）：在濃茶或葡萄酒中出現的乾澀味。
★ 厚味（kokumi）：濃郁之意。

完美擺盤

014

以朝聖扇貝為主要食材的食物搭配

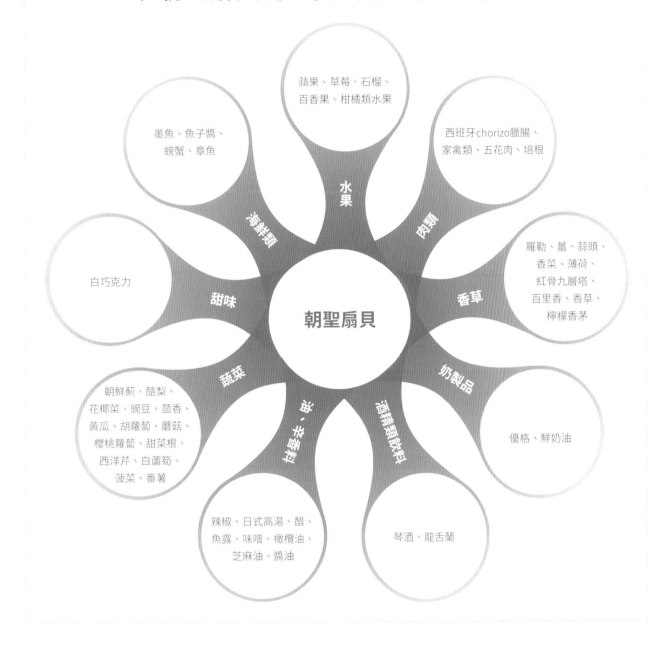

蘋果、草莓、石榴、
百香果、柑橘類水果

西班牙chorizo臘腸、
家禽類、五花肉、培根

墨魚、魚子醬、
螃蟹、章魚

羅勒、薑、蒜頭、
香菜、薄荷、
紅骨九層塔、
百里香、香草、
檸檬香茅

白巧克力

水果

肉類

海鮮類

甜味

朝聖扇貝

香草

蔬菜

奶製品

材辛、椒胡

酒精類飲料

朝鮮薊、酪梨、
花椰菜、豌豆、茴香、
黃瓜、胡蘿蔔、蘑菇、
櫻桃蘿蔔、甜菜根、
西洋芹、白蘆筍、
菠菜、番薯

優格、鮮奶油

辣椒、日式高湯、醋、
魚露、味噌、橄欖油、
芝麻油、醬油

琴酒、龍舌蘭

影響味道的一個重要因素是食材的**挑選**,不僅是魚類、肉類,或起司、水果和蔬菜,新不新鮮馬上吃得出來,就連橄欖油和麵包的**品質**,也會影響菜餚的味道。就像以大賣場裡的廉價雞胸肉取代優質肉品,自然會影響到餐點的味道。這時即使擺盤再精緻,裝飾多巧妙,結果仍然是一次掃興的美食體驗,同時也浪費了你在這道菜上所投注的精力與時間。

質地

　　除了不同的顏色及味道，**不同的質地**也會提高食物的吸引力，為美食體驗帶來更多的變化——使用不同質地的食材，除了使餐點更加美味可口之外，質地的複雜性也會為感官帶來更大的刺激。濃稠的南瓜湯比較好喝，又能在氣候轉涼的秋日裡帶來一絲暖意；不過只要再點上幾滴南瓜籽油，並加一點麵包丁及葵花籽，對我們的味蕾來說——別忘了還有眼睛——就會更有意思，大大地增加口感享受。

　　口感舒適的食物質地範圍很廣，從**酥脆、彈牙、綿密、濃稠到蓬鬆及密實**都是。一塊表皮煎得酥酥脆脆的肉，佐以細緻綿密的蔬菜泥，配上像薯片那樣香脆的食物，襯上一點輕盈的泡沫，以及一兩種濃稠的醬汁，如此一來，不僅更能挑逗味蕾，在視覺上也能帶來更多的吸引力。

　　要讓盤中食物質地顯得多樣，不僅可以選擇不同食材，還可以透過**不同的烹調方式**達成目的。就像下頁圖示中，以胡蘿蔔為食材，就可以透過不同方式的料理，端出不同質地的食物，例如：蔬菜泥、舒芙蕾、中東風味芝麻沾醬（Hummus）、慕斯、以分子料理方式製作的細緻泡沫（espuma）、美乃滋、泡沫、海綿、裹糖衣、醃漬或是糖漬。若食材太過相似，例如胡蘿蔔及歐防風，就可以運用不同的料理方式來豐富盤中食物的質地而不顯單調。或者，就大膽地捨棄美味卻老派的馬鈴薯泥吧！以馬鈴薯芙朗塔（flan）或炸馬鈴薯細麵取代之，給客人一個驚喜。

　　烹調方式不僅會影響質地，還會影響配料的顏色：

- 🖊 透過**油煎、煸炒以及燒烤**方式，使食材產生焦糖化反應，並在酥脆的外皮添加一層漂亮的金黃色。若使用燒烤盤，食材還會因為這類煎烤盤的凹槽設計而產生典型的條紋，這種條紋一般是在烤架上燒烤才會出現的。
- 🖊 **煮過**的食材基本上仍會保持顏色。但煮太久的蔬菜會失去顏色，看起來就不這麼美味可口了，而且還會失去咬感。因此像是綠花椰菜或是菠菜之類的蔬菜，應以煮滾的沸水快速**汆燙**，再以冷水冰鎮。這樣處理過的蔬菜不只口感爽脆，顏色也能保持，甚至更為鮮豔。另一種可行的方式是用**蒸的**，這種方式更為溫和，也較能保留食材的味道、顏色與質地。

　　想要使餐盤中有更多樣的食物質地，最快的方法就是**添加食材**。依照菜色的不同，可以添加酥脆的堅果或是瓜子，以及輕薄的巧克力碎片、爽脆的蔬菜或水果脆片，至於柔軟的質地則可添加一點法式酸奶油（crème fraîche）或鮮奶油、濃稠的醬汁，以及其他裝飾元素。

胡蘿蔔的17種不同質地

1　胡蘿蔔美乃滋（頁241）
2　胡蘿蔔凝膠（頁240）
3　胡蘿蔔細緻泡沫（頁240）
4　胡蘿蔔泡沫（頁64）
5　醃漬胡蘿蔔（頁239）

6　胡蘿蔔條、方丁及薄片長條
7　胡蘿蔔凍加細香蔥（頁240）
8　細香蔥捆胡蘿蔔長條（頁240）
9　炸胡蘿蔔條（頁241）
10　胡蘿蔔絲餅（頁242）

11　胡蘿蔔海綿（頁242）
12　胡蘿蔔芝麻醬（頁241）
13　胡蘿蔔泥（頁241）
14　糖漬胡蘿蔔（頁240）
15　胡蘿蔔脆片（頁239）

16　胡蘿蔔慕斯（頁241）
17　糖衣胡蘿蔔（頁240）

括號內為食譜所在頁數

選擇食器

不僅是端出來的菜色重要，找到能與菜餚相襯的餐盤也一樣重要，就算是星級主廚做出來的菜，如果放在免洗紙盤裡端上桌，也會顯得沒那麼美味可口。合適的餐盤可以凸顯出菜色，或與其成為對比，比如簡單質樸的餐具可讓食物成為耀眼的「明星」，也可以善用餐盤的顏色或形狀，與食物彼此輝映、相得益彰。

儘管餐具選擇的範圍幾乎毫無限制，不過我還是要推薦幾種**基本款**，可用在各種不同形式及顏色的菜色上。其中最重要、最保守含蓄、也最容易搭配的，便是**白色餐具**。白色餐盤不會搶走食物的鋒頭，最容易展現出擺盤的藝術效果，而且食物鮮活的色彩看起來也更為可口。這也是為何全世界大部分的餐廳都選擇使用白色餐具的原因。

使用**黑色或深色餐具**則可與食物形成搶眼的對比，特別是明亮或鮮豔的食物，會顯得更為耀眼。但要小心，若是食物本身顏色偏暗，放在黑色或深色的背景上就會顯得更不起眼。另外，**彩色餐具**也可能本身既漂亮又能將食物烘托成「明星」，近年來彩色陶製餐具更是大為流行，使用這種餐具能使食物看起來不會過分精緻，散發出一種家常味的氛圍。

若不打算使用白色餐具，最好能在請客之前**試擺**一遍，看看餐具的顏色是否真的能與食物相襯，如注意置於彩色餐盤之中的食物，各種組成部分是否顯得更為出色，或被彩色餐盤搶去風采？食物或餐盤的顏色是否顯得刺眼？我的建議是：盡量不要使用顏色過於繽紛、圖案過於花俏，或形狀過於標新立異的餐具，因為這樣的餐具容易搶盡風頭，而使食物相形失色。

挑選餐具時，除了**顏色**之外，**形狀與大小**也很重要。例如，同樣的食物放在長條型的盤子或放在大圓盤中，給人的感覺就很不一樣。盤子大小必須配合食物分量，否則太大的盤子會讓食物看起來孤伶伶的，太小則會使注意力轉移到食物的分量，而非食物本身。

關於食器的一些建議

小盤子特別適合盛裝開胃菜與前菜，或者拿來裝麵包或油。

小碗可以用來裝沾醬、流質及半流質食物，或是奶醬。焗烤或沙拉之類的配菜裝在小碗中，再置於大盤子上也很漂亮。願意的話，也可以使用巧克力或帕瑪森起司自製可食用的小碗。

平底鍋，例如鑄鐵鍋就很適合端上餐桌，用來擺放原本就是用鍋子做出來的菜色，像是皇帝煎餅（Kaiserschmarrn）或是一些大魚大肉之類的菜色。

石板盤上特別適合擺放盛裝著五彩繽紛開胃菜的小容器，也可以用於與大家共享的拼盤菜式。

木盤特別適合拿來放點心、起司拼盤，或是用於展示麵包用。

玻璃杯能使食物外觀一覽無遺，而且能以另類的方式呈現熟悉的菜色（例如分層沙拉或甜點）。

WECK密封玻璃罐曾是祖母使用的容器，如今又大為流行。拿它來盛裝食物、飲料還有個好處──可以將食材放進去烹煮或烘烤，然後直接上菜。

湯匙或法式前菜匙（happy spoon）拿來盛放小分量的開胃菜非常引人注目。食物分量必須是一口大小，上面的裝飾元素也必須是可食用的。

接下來就是盡情發揮**想像力**和親自**實驗**了。若不想使用傳統餐具，就算是沙丁魚罐頭、試管等標新立異的另類容器，以及充滿巧思的工具像注射筒、洗衣夾或鐵絲網等等，絕對都會讓你的客人大開眼界。

烹調器具

期望端出看起來美味可口的餐點，完全無需求助於高科技烹調器具。但在具備一兩把好刀及大小湯匙之外，擁有下列器具仍是有相當大的幫助：

microplane刨刀：這把稱手的刨刀祕訣其實很簡單，它是將食物切碎而不是磨碎，最適合用來處理薑、巧克力以及帕瑪森起司等食材。

鑷子：在為細膩精緻的菜餚擺盤時，或者處理絲狀的裝飾物時，使用廚房鑷子的成功率及準確度都會比徒手來得高——對我來說是廚房必備工具！

擺盤模具：這類模具有圓形、矩形等各種形狀與大小，可以幫開胃菜、主菜或甜點塑形。可直接放在盤子上，填入像義大利燉飯等配菜，做出形狀後移開，再將主要食材放置於盤上。

刮刀及彎角抹刀：特別適合拿來均勻抹平奶霜或泥狀食物。有些料理刮刀還設計有鋸齒，可以刮抹出圖案。

蔬果切片器：使用這種切片器可以將食材削成薄片，也可以切成細絲或各種粗細的長條。

料理噴槍：非常適合拿來焰燒或焦糖化甜點，例如法式烤布蕾。用在焰燒肉類、蔬菜或蛋白霜上，效果也很好。

料理溫度計：若想要恰到好處地烹調肉類或魚類，這項工具絕不能缺。製作甜點也一樣，例如，義式蛋白霜製作成敗的關鍵在於糖漿的溫度是否正確，溫度計就成了非常重要的工具。

尖嘴擠壓瓶：使用尖嘴擠壓瓶可以將醬汁或泥狀食物精準地塗抹在盤子上，或為甜點做出完美的裝飾。將擠壓瓶放在盛裝熱水的盆子裡，可保持裡面的食材熱度直至擺盤時。另外，也可使用擠花袋，配上各種尺寸及形狀的花嘴。

料理刷：除了可將醬汁或泥狀食物塗抹在盤子上之外，也是很實用的廚房小幫手，例如可幫烤模塗油。

粉篩濾網：不只在烹調上，裝飾擺盤時也少不了這項工具。例如在甜點上灑下過篩的糖粉、巧克力粉或水果粉；若再配上鏤空模板，你就可以輕鬆地在盤子上灑出精美的圖案與形狀。

要做出不同的擺盤效果，自然還有很多其他實用的工具，例如造型壓模、料理電子秤、手持攪拌器、打蛋器、螺旋蔬菜刨絲器、料理鏟、滴管、筷子以及料理繩等等。

各就各位

不想在烹調過程中手忙腳亂的話，就要事先規劃並及早準備，下面幾點尤為重要：

1 要先**將食譜從頭到尾讀一遍**。但老實說，很少人真的這麼做，就算做了也大半草草瀏覽而已。於是，就可能發生像主要食材已經可以上桌了，搭配的配菜卻還得醃上幾個小時才能入味的狀況……。為了避免發生這種慘劇，我都會在烹調前將菜單中的所有食譜讀過一遍，並排列出各個組成部分的最佳烹調**順序**。透過這道工序，可以避免因不同的備料及烹調時間，或意外出現的步驟打亂整個工作節奏，導致因手忙腳亂而忘記加入某項食材，或跳過某個料理及擺盤步驟。

2 「Mise en place」（法語，意思是「各就各位」或「一切就緒」）。很多人都聽過這個餐飲界中的「神奇公式」，但很少人知道到底是什麼意思。其實很簡單，就是在烹調之前，盡可能為所有工作的步驟做好準備。需要的廚房用具放好，所有食材都按所需分量洗好、切好。擺盤前，可以先將所有同屬一個盤子的食材及組成部分一起放在小托盤上；烹調完畢，必要時也再加熱過，醬汁及泥狀食物放進尖嘴擠壓瓶，所有香草也都切碎並用打濕的廚房紙巾包裹起來。透過「Mise en place」，可以明顯降低烹調的工作量。當所有食材準備就緒、隨時可以取用時，也就比較不容易迷失在複雜的料理程序而措手不及。

3 烹調後，廚房可能會像被戰火摧殘過。要避免出現這樣的情況，最好的方法就是烹調時**隨時擦拭及收拾**；用完的廚具立刻收起來，用過的鍋碗瓢盆馬上放進洗碗機。否則很難不亂成一團，不是找不到乾淨的廚具，就是找不到地方放東西，特別是在忙成一團時，烤箱裡的食物又得趕緊拿出來……。

4 若希望食物可以不那麼快就冷掉或者變得不冰，所有碗盤都應在上菜前**先預熱或冰鎮過**。盛裝熱菜的餐具應先在烤箱中以攝氏60度左右預熱20分鐘，這樣一來菜餚端到客人面前時，盤子還會保留著令人感覺舒服的餘溫，食物也比較不容易涼掉。盛裝冷盤類食物或冰品的餐具則應至少提前一小時放進冰箱或冷凍庫。

決定好菜單後，接下來最重要的就是如何將一道菜中的各個組成部分，以最合適的創意靈巧地放置在餐盤裡，讓眼睛也能享受這道菜，令人食指大動。

就像畫家會先考慮一幅畫大約是什麼樣子，然後才會在空白的畫布上一筆一筆描繪出心中的畫面。擺盤前你也要先有草圖，有個能以一道菜裡的各種食材來一步一步組合出的概念。最後再綴以醬汁或其他裝飾元素，使整體呈現更為和諧。

每道菜都有各式各樣的擺盤方式。如果你曾為一道菜尋找擺盤的靈感，應該很快就會發現，這是沒有標準答案的。無論你是喜歡嘗試新事物，到處尋找靈感並以自己的創意調整，或者喜歡按照指令一步一步操作，以下幾個擺盤要領都對你很有幫助。掌握住這些要領，你就可以盡情揮灑你的創意，每一次的嘗試都能展現新意。練習愈多，你的感覺就會愈敏銳，不論是一頓豐盛的晚餐，還是一小盤當點心的沙拉，你都能知道哪些是你能處理且喜歡的風格，以及哪些是你不太能掌握的。

完美擺盤

nrichtens

擺盤基本要領

輕鬆上手

擺盤基本要素

當你決定要上什麼菜或選好食譜後，下一步就是要思考**如何呈現這道菜**。如果拖到擺盤當下才隨興決定的話，很可能會發生手邊剛好缺少某種素材，或者結果不盡人意的狀況。一旦開始動手擺盤，通常很難臨時改變，最糟的狀況還可能必須從頭來過。

我在規劃菜單時，常常會將想法畫成**一張小圖**，這樣我就可以知道素材是否齊全，以及擺完看起來是否和諧。此外，這些小圖還可以幫助我不會忘記任何細節。

因此，請仔細考慮你要如何擺盤：盤子是否與食物相襯？你想如何呈現主要食材？配菜又該怎麼擺？要如何塗抹泥狀食物？又要如何使用裝飾元素，使整體看起來更為和諧？就像後文提到的：先考慮好基本架構，然後填上各種食材，再綴以裝飾元素，如此按部就班，即能減輕不少工作。

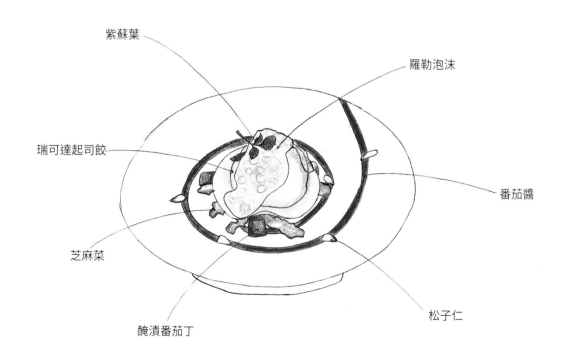

紫蘇葉

羅勒泡沫

瑞可達起司餃

番茄醬

芝麻菜

松子仁

醃漬番茄丁

基本架構

我在考慮如何呈現一道菜時，首先決定的，是這道菜看起來該是如何，以及我想達到什麼效果。這道菜看起來應該精緻淡雅，或是要凸顯像肉排這類主要食材，令人垂涎欲滴？有時，腦海甚至會浮現出一道擺完盤的菜餚，可能是從前在哪本食譜裡看到的，我可以以它為範本，呈現自己所搭配的食譜。我的靈感常常來自食譜、美食網誌，甚或餐廳官網。

如果找不到範本，那麼我會先考慮這道菜擺盤的基本架構。擺盤基本架構幾乎都是以**簡單的幾何形狀**所組成，像是直線、弧狀、圓圈，或者這些元素的各種組合。這些可以說是擺盤的**「骨架」**，得用每道菜不同的組成部分賦予其形體，再用適當的裝飾元素點綴裝扮。比較各式各樣的擺盤照片，你就會發現那些不斷重複出現的基本形狀。

接下來我會舉出12種最常見的幾何形狀，及其應用範例，讓你在規劃擺盤樣式時，能從中挑選一些作為擺盤的基本架構，在腦中先行沙盤推演，看看喜歡哪種形狀。你也可以在盤子上用手指描繪形狀，或者在紙上畫出草圖，這能使你的創意更為具象。

要在基本架構上填上形體，有幾種不同的方式：

- 透過魚或肉類等主要食材以及配菜的擺置
- 透過泥狀食物、醬料或粉狀配料的布置
- 透過其他裝飾元素

關於如何使用泥狀食物、醬料或粉狀配料呈現出基本架構，你可以在本書第42頁起找到一些想法及建議。

一旦你開始嘗試，並試著利用這些基本形狀思考，很快就會發現，學會套用這些形狀，擺盤就成了一件容易的事。時間久了，你甚至可以歸納出自己最喜歡使用的幾個形狀。

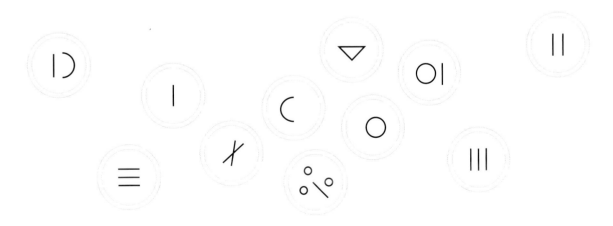

三角形

典型的擺盤形狀。食物放置於中，將盤子當成時鐘，碳水化合物擺在11點的方向，蔬菜2點，蛋白質則放置於6點。

單一直線

最簡單的形狀。盤子大半留白，因此焦點非常清楚。

平行線

會讓視線集中在食物上。注意焦點必須一目瞭然，食物不可太多太雜。

雙線

可以如此圖所示平行擺放，或者交叉布置。

兩條相交線

視覺效果相當有意思，尤其是交點不在中心，而且兩線的起點與終點不在同一條水平線上。

圓弧狀

能使食物看起來較為輕鬆且有變化，顯得活力十足。可以獨立存在，也可以順著盤緣的弧線平行擺置。

三條垂直線

如果菜餚以三為單位，就可以使用這種方式擺置。

圓圈與直線

單條直線可以搭配圓圈使其變得活潑。當圓圈與直線都不在中央時，這樣的組合會特別好看。

亂中有序

除了直線、弧線及圓圈的傳統擺置方式，還有一種看似隨意、實則亂中有序的散置。使用這種方式，要特別注意整體畫面的平衡與留白，焦點必須明確。

圓弧狀＆直線

將圓弧放置在直線旁，會使得這兩種形狀產生張力，並能讓直線變得活潑。

圓圈置中

是一種較傳統的擺盤方式。可以將組成部分交錯重疊以增加高度，效果會更顯著。

圓圈偏離中心

較小的圓圈也可以擺置在離中心稍遠的位置，這樣看起來更有趣，且更令人期待。

食物布局

決定好菜餚擺置基本形狀後，「唯一」剩下的問題就是：如何放置各種食材，以呈現出這個形狀；這也包括，要將裝飾元素布置於何處，以期達到最佳效果——一盤各部分互相輝映、引人注目的美食。最好的工作步驟，是先將主要食材放置定位，再逐一安置好其他部分。

就像藝術創作，每個單獨組成部分都有些原則及技巧。而這些原則都不是死的，你不必嚴格遵守，而是應該拿來靈活運用。正如畢卡索所言：「像專家一樣弄懂規則，然後像藝術家一樣打破規則。」

平衡

你擺進盤子裡的每種食物，都有它的重量。而食物的輕或重，則與它的顏色、大小或者質地有關。因此，擺進盤子裡的每個部分，彼此之間必須保持平衡。要呈現出平衡之美，可以透過視覺的和諧來擺放盤中的每一部分（及它們各自的重量），使得呈現出來的顏色、質地及大小之間產生均衡的美感。

基本上，平衡可以分為對稱或不對稱兩種。**對稱平衡**是所有元素均勻分布在一條中心線之兩側，通常看起來賞心悅目，但有時候也會顯得有點無趣。**不對稱平衡**則是利用對比的重心（例如由一個大元素與幾個小元素所形成的對比），創造出一種「儘管不平均，卻能顯現平衡美感」的布局。這種擺盤方式較為大膽，且能創造出非常突出的視覺效果。同樣的，由數量為**奇數所組成的元素**（例如朝聖扇貝、蔬菜脆片或堅果）通常會比偶數數量顯得有意思。**不將食物放置於盤子中央**（偏離中心），或者將配菜看似**隨意地散置**，也可以達到不對稱的效果。

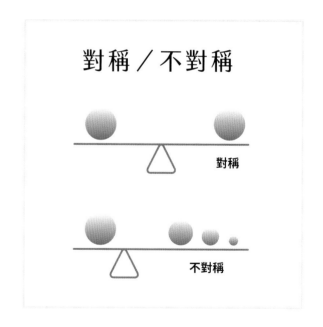

對稱／不對稱

對稱

不對稱

當你覺得眼前這盤菜的布置看起來很「圓滿」，這樣的擺盤就是平衡的。若是盤中元素太多，導致你眼花撩亂或感覺超載，找不到一道菜的焦點，或者太多焦點導致失焦，這樣的擺盤就是缺乏平衡。

這原則聽起來雖然很抽象，不過你可以靠**直覺**幫忙。正如你在布置房間時，一定不會把所有單人沙發、椅子、櫃子或者桌子全放在房間的一角；同樣的，在你擺盤時也會產生直覺，將所有元素按照最可能產生和諧畫面的方式擺放。

焦點

當盤子裡的食物不是平均分布於整個盤面，而是有個焦點時，看起來就顯得有意思多了。由於觀者的視線會先落在焦點上，因此這個焦點也必須是整道菜的最美味之處。若因顏色、形狀或大小，無法聚焦在正確的美食部分上，便可以透過擺放位置來修正。無論是沙拉甜點或是主要食材，都可以藉由**提高擺放位置**，使食物變成焦點。將食材以**斜倚**或**堆疊**的方式擺置，會使得整道菜看起來**更為立體**，視覺上也會因此更具有吸引力。

整體

將一道菜各種不同的食材交織在一起，使盤中所有元素像是總體中的一部分，合起來**成為一個整體**，而不是各種食材碰巧放在同一個盤子上而已。一道菜的每一元素都必須與其他元素產生關係，而這樣的關係可以透過顏色、風格、距離，或是透過有趣的對比表現出來。

留白

在將各種食物一步步放進盤子時，也要記得讓一部分的盤子保持空白。留白處可以與食物產生對比，透過這樣的對比，你可以使不同的食材顯得更為突出，或者保留出讓這道菜的「主角」登場的空間。若整個盤子裝滿食物，這道菜看起來就不那麼精緻，也不夠特別。根據經驗，**食物最多只能覆蓋住盤子面積的三分之二**，其餘部分必須留白。因此，寧可少放一些食物，如有必要，可以吃完後再來一份。

擺盤時千萬別忘記留意**盤子的邊緣**。有個流傳在餐飲界的老規矩說，盤緣是屬於客人的，不可拿來擺盤。儘管這條規則今日不再嚴格執行，但在盤緣部位擺盤仍應謹慎小心，例如以醬汁拉線畫過整個盤子直至邊緣，或者將麵包脆片等配菜放置於盤緣的時候。

關於用來點綴的各種裝飾元素，你可以在本書第56頁起找到一些想法與創意。

點睛之筆

擺好盤後，別忘了再看一眼，看起來是否和諧？焦點清楚嗎？是否給人整體感？還是視線會被某個單一元素吸引住，使得整道菜令人感到眼花撩亂，甚或視覺失去平衡？如果出現這些狀況，還可以透過微調補救。你可以**照張相**，仔細研究是哪裡需要加強或修改。相片能拉開距離，讓人較容易發現缺少什麼或哪部分顯得多餘，是否有哪個元素破壞整體美感，或者哪裡可以再多添個顏色或多一種質地，使其更顯圓滿，端上桌時即可像一幅小型的藝術作品。

擺完盤後，若還是覺得少了點什麼，或者想讓這道菜看起來更有意思，這裡提供幾個我的**「急救」技巧**：

🖌 每種食材都保留一點，並巧妙地擺放，成為盤中的裝飾品。這會使整道菜顯得更為立體，客人也可以對這道菜所使用的食材一目瞭然，就算某些食材可能「淹沒」在乳醬或醬汁之下。

🖌 有些裝飾元素製作起來簡單迅速，而且可以讓一道菜看起來更加美味可口，顏色更為繽紛。依照不同的菜色，可以添加像是切碎的新鮮香草、一片檸檬，或是磨碎的堅果仁、帕瑪森起司薄刨片，以及食用花卉、花菜、新鮮水果等。滴幾滴合適的醬汁、美乃滋或者法式酸奶油，也可以使整道菜看起來更有變化。

🖌 灑上一點粗海鹽、現磨胡椒或者少許優質的好油，常常能讓一道菜看起來更為美味。

點完睛後，還有一道非常重要的步驟，即是**最後檢查**——上菜前記得再看一眼，別忘記用廚房紙巾**擦掉**多餘醬汁等不該出現的痕跡。

還有，在你花功夫做菜及擺盤後，上菜時記得要將盤子**按照你預計擺放的角度**放在客人面前。若倒過來放，整道菜看起來的感覺常常會完全不一樣。這種本來可以避免的小疏忽，可能會使得你辛辛苦苦營造出來的視覺效果付諸流水。

日常擺盤創意

有些菜色因為食材本身的關係，無論是顏色或形狀就已經夠賞心悅目了。只要最後再花點力氣，例如添點現磨胡椒或是新鮮香草等裝飾元素，在視覺上就可以更上一層樓。但也有某些菜色或食材，因質地或顏色的關係，要擺出它的美味可口就是一項挑戰——想想上週的燉菜或昨天的義大利麵。不過就算是這些難題，也還是有些技巧，可以幫助你找出最佳的擺盤方式。

開胃菜

開胃菜非常適合放在木薯脆餅、脆片或布利尼薄餅（blini）等可食用的底板上。分量僅一口大小的開胃菜，也可以使用法式前菜匙盛裝。此外，開胃菜特別適合拿來嘗試一些標新立異的擺盤方式，例如使用意想不到的底板（例如鐵絲網、相框等）、獨特的色彩組合、創意十足的擺盤方式（例如使用木製洗衣夾等），或者將花瓶或魚罐頭等容器當作食器來使用。

湯、燉菜

湯和燉菜往往因為顏色而顯得乏善可陳。添加像細香蔥或百里香等新鮮香草、少量法式酸奶油，或者湯裡加些不同顏色的食材小方丁用作點綴，可以為菜色帶來顏色與食物質地上的變化，看起來耳目一新。

若想在湯品中添加麵包丁、菲達起司丁或哈羅米起司丁等配料，可以排成一條路的形狀，或用長籤串起來跨在盤緣，然後端上桌。還有放在盤緣的麵包脆片，點綴幾滴酸奶油或鱒魚卵為裝飾，也能讓湯品看起來更有意思。

濃湯可在上菜前再用手持攪拌器攪拌一下，或者也可以加點卵磷脂粉，這樣泡沫會更細膩，看起來就會特別開胃。若你決定在湯裡加點裝飾性的配料，可以先放置在盤中，端上桌後再一一為客人添入湯品。也可以使用特別的容器來盛湯，例如卡布奇諾杯或WECK玻璃罐，視覺上會有加分的效果。

沙拉

堆成塔狀的沙拉，通常看起來比任意混和的沙拉還要豐盛開胃。你可以先把葉狀沙拉擺置於盤中央，再加其他食材一層一層地疊上去。溫沙拉則可利用甜點造型環擺置在盤中，再點綴些許裝飾，看起來會更加美味可口。若希望（葉狀）沙拉保持形狀，不至於太快坍塌，就先不要淋上醬汁，而是將醬汁裝在小壺裡端上餐桌。

義大利麵

將義式細麵用夾子或湯杓捲起來，做成麵沙拉或捲一捲放在深盤中，再擺上其他配料，例如

蝦子、櫻桃小番茄、貝類海鮮、蘑菇、松子仁等等，會顯得特別美味可口。至於其他形式的義大利麵，你可以將醬料放置於麵食中間，再用帕瑪森起司刨絲、松子仁和胡椒粉點綴裝飾。

肉類

像肉排、魚排等體積較小的肉類食物，可以用大火煎到表面呈漂亮的金棕色，再切成小塊擺盤端上桌，看起來會特別美味。記得，焦脆的表面與裡面的肉質都要展現出來（這也就是英文所說的「sear＆cut」★）。

烤大塊肉時，最好是整塊端上桌再切片。但在切肉前千萬記得，肉烤好後一定要先用鋁箔紙包起來靜置幾分鐘，這樣肉汁會被組織吸收回去，之後才不會流出在盤子上。

擺盤時若數量剛好是偶數，例如兩塊肉排，那麼最好將它們堆疊起來，或至少部分重疊，這樣在視覺表現上會較為有利。

魚

若是整條魚，那麼最好煮完直接端上桌，並在餐桌上片魚。如果是魚排，記得先裹上一層薄薄的麵粉再煎，魚排會因此有金棕色的表皮，並且口感會較為酥脆。

配菜

米飯、庫司庫司（Couscous）及藜麥這類配菜，塑形後再擺盤的效果非常好。可以使用圓形模具直接放在盤子上塑形，或裝在杯子之類的容器壓緊，再倒扣在盤子上。泥狀食物有各式各樣的擺盤方式（請見本書自第44頁起的提示與建議）。捲裹起來的食物，例如春捲或德式鬆餅（Pfannkuchen），可以斜切成兩半，露出內餡，看起來會更為可口。

甜點

多數甜點除了主要甜食之外，還有醬汁、少量質地爽脆之物以及裝飾元素能用來點綴（關於醬汁，請見本書自第48頁起之擺盤提示與範例）。甜點上的裝飾元素，例如以巧克力或焦糖作為原料，也可以變成整道甜點的視覺焦點。

若你用刮板將義式蛋白霜塗抹在盤子上，再用本生燈使其焦糖化，轉瞬之間一道醒目的風景就出現了。簡單，又不費什麼力氣。

如果沒有時間擺盤，也可以用薄荷葉、細糖粉、可可粉、水果粉，或各種顏色的新鮮水果丁，為你的甜點增添視覺效果，讓顏色更為繽紛。

★ 譯註：所謂「sear」就是用大火將表面煎到微焦，以鎖住肉汁。

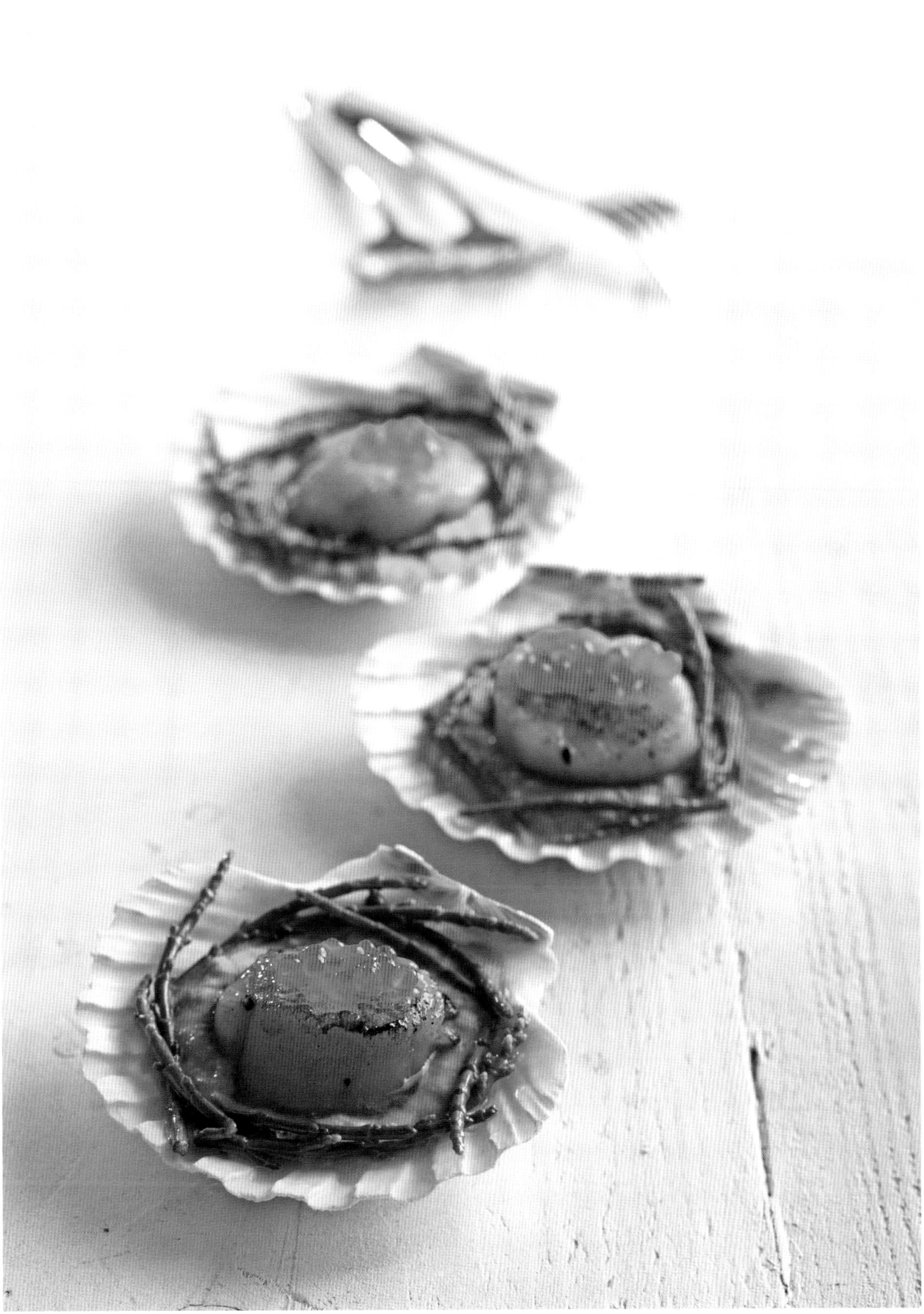

祕訣一　利用顏色對比！不同顏色，以及不同質地與形狀的食材，保證能帶來美食享受。使用單一淺色系食器，更能襯托出色彩之美。

祕訣二　直線、弧線還是圓圈？擺盤前先確定一個基本形狀作為「骨架」，再用食物逐一填出內裡。

祕訣三　不對稱才是王道！不對稱排列的擺盤看起來特別有意思。具體而言，就是奇數原則，讓盤中主要或裝飾元素所含的個體數量保持為奇數。還有，看似隨意、實際上亂中有序的配菜擺置，以及偏離中心的擺盤方式，都更活潑、更引人注目。

祕訣四　要有焦點！選定一項食材，透過顏色、形狀或大小突顯出來，或者也可以透過堆疊及圓塔塑形的方式，提高位置以成為視覺焦點。

祕訣五　少即是多！使用大盤子並留下足夠的空間，記住食物最多只能覆蓋盤子三分之二的面積，這樣你就有足夠的空間展示這道菜，擺盤也會出現加成的效果。

簡單＆明瞭

擺盤七大祕訣

祕訣六 點睛之筆！添上切碎的新鮮香草及磨碎的堅果，或是食用花卉和其他裝飾元素，能使一道菜看起來更加美味可口。形狀特殊的裝飾元素，則可增添點異趣。裝飾時，也別忘記利用顏色反差製造對比。

祕訣七 有趣最重要！請將擺盤當成遊戲，你可以在其中盡情發揮自己的創造力，並多方嘗試。擺盤沒有標準答案，也不可能一次就達到完美境界。必須透過不斷的練習與多方嘗試——一些小小的嘗試，例如：如何在你最喜歡的一道菜上再添點視覺驚喜？泥狀食物如果不像平常疊成一堆，用刷子來刷會出現什麼效果？麵條若不隨意放置，而是塑形擺盤，又會出現什麼效果？漸漸的，你就有愈來愈多可行的想法，也會知道怎麼擺比較合適。多多留意，你便能得到許多靈感，但別忘了——好好享受美食！

Deko

ration

装飾

泥狀食物、醬汁及粉狀配料,是練習擺盤最好的入門素
材。這些素材可以當作擺盤架構的基礎,可以平衡其他素
材,獨特的擺置方法甚至可以成為一道菜的焦點。最讚的
是,它們的顏色變化幾乎毫無限制!

d's bunt

為食物增添色彩

裝
飾

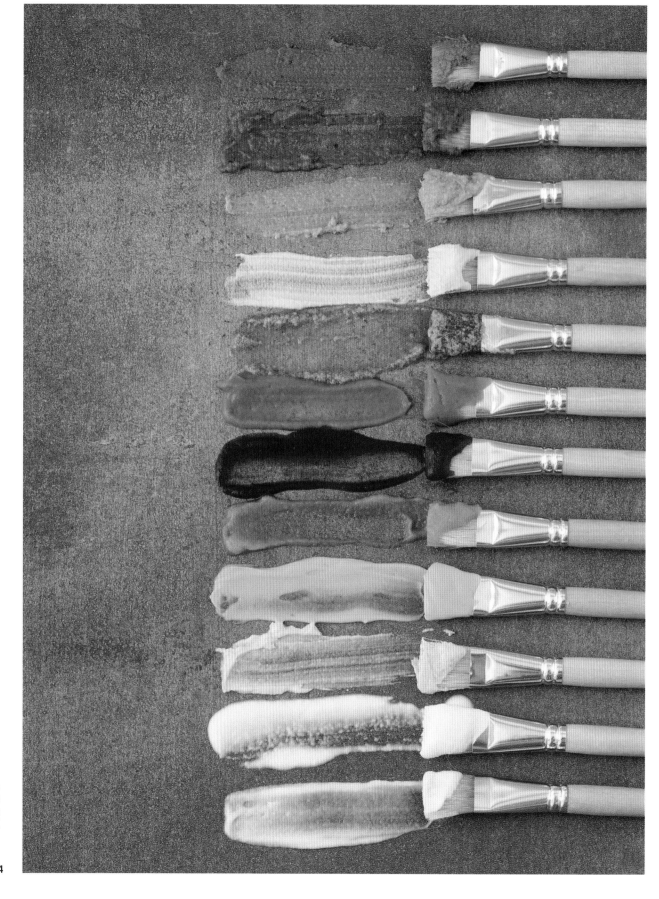

泥狀食物

若想讓一道菜看起來既專業又受人矚目,那就先從泥狀食物下手吧。奶醬及泥狀食物可以變化出許多非常有意思的圖案,不會拘泥於傳統造型,從簡單直線或充滿藝術感的點點,到圓圈或裝飾線條,有無限可能。你也可以用它來作擺盤架構的基礎,若怕食物分量太少,你可以另外盛一碗放在桌上,以備添加之用。以下便是幾種我最喜愛的擺盤方式:

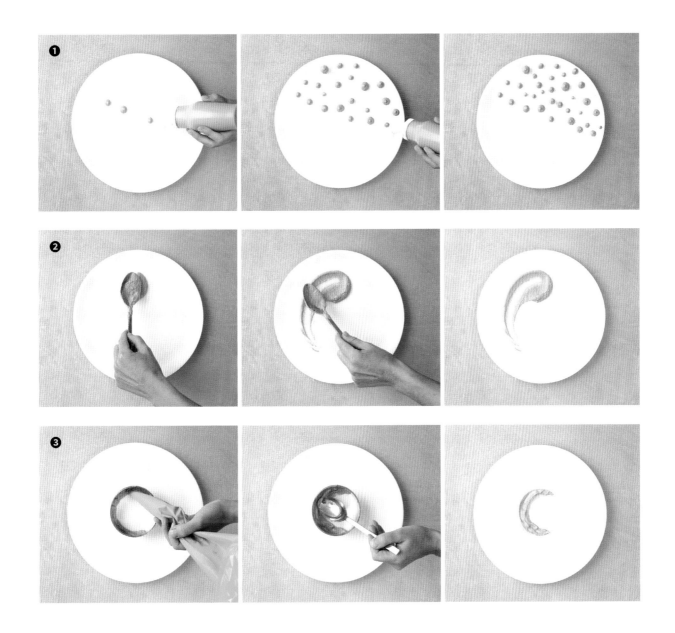

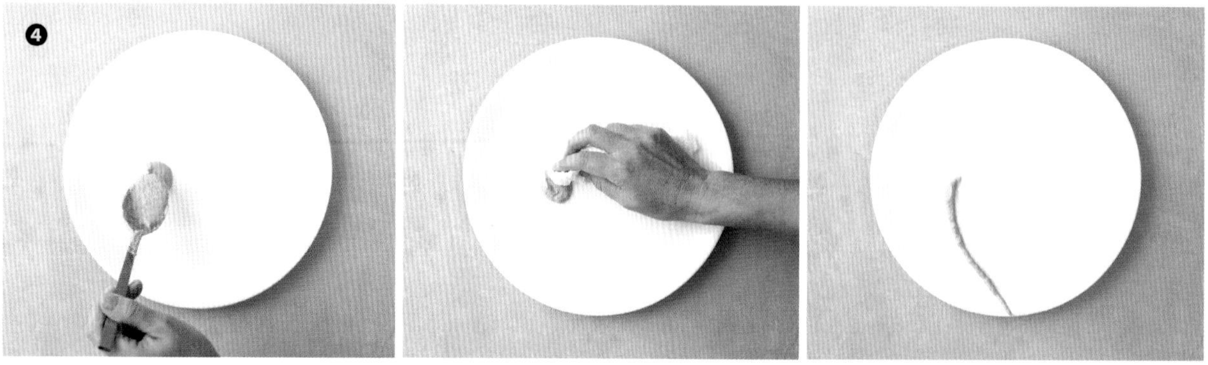
4

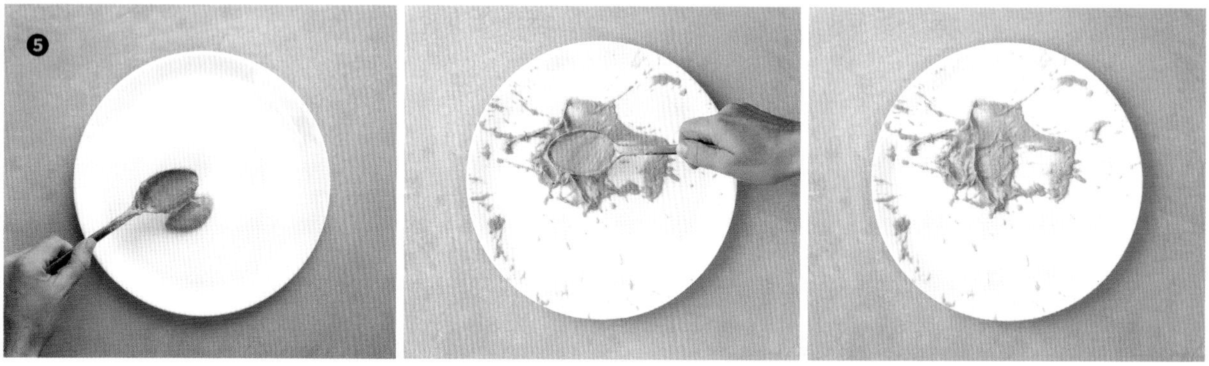
5

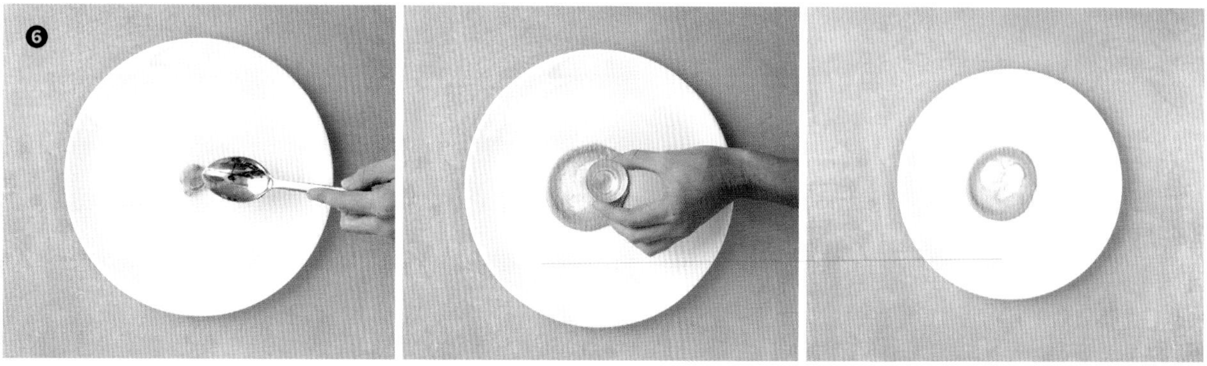
6

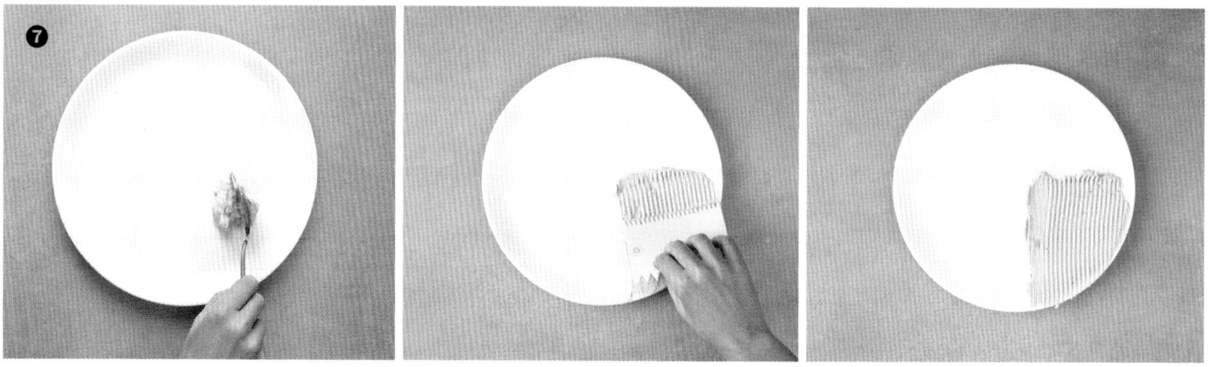
7

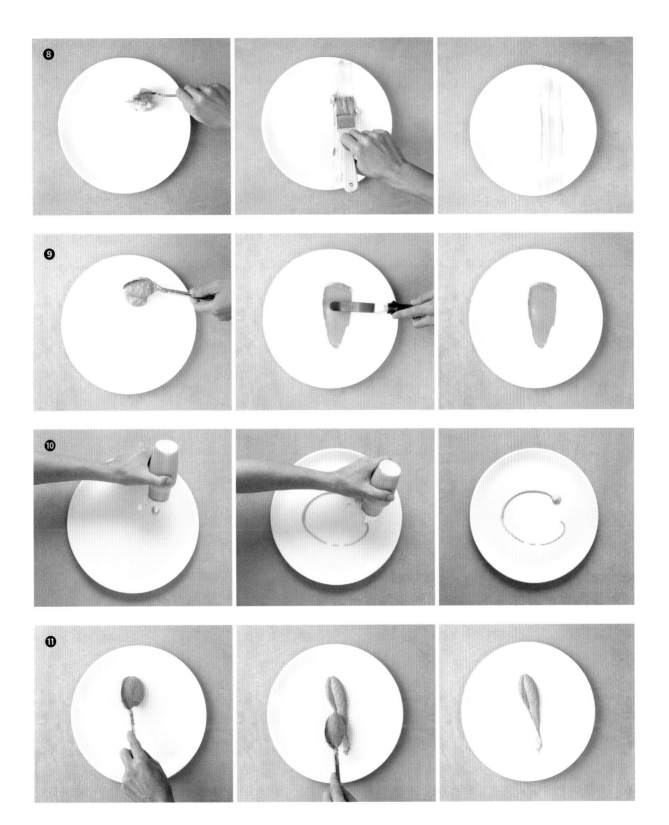

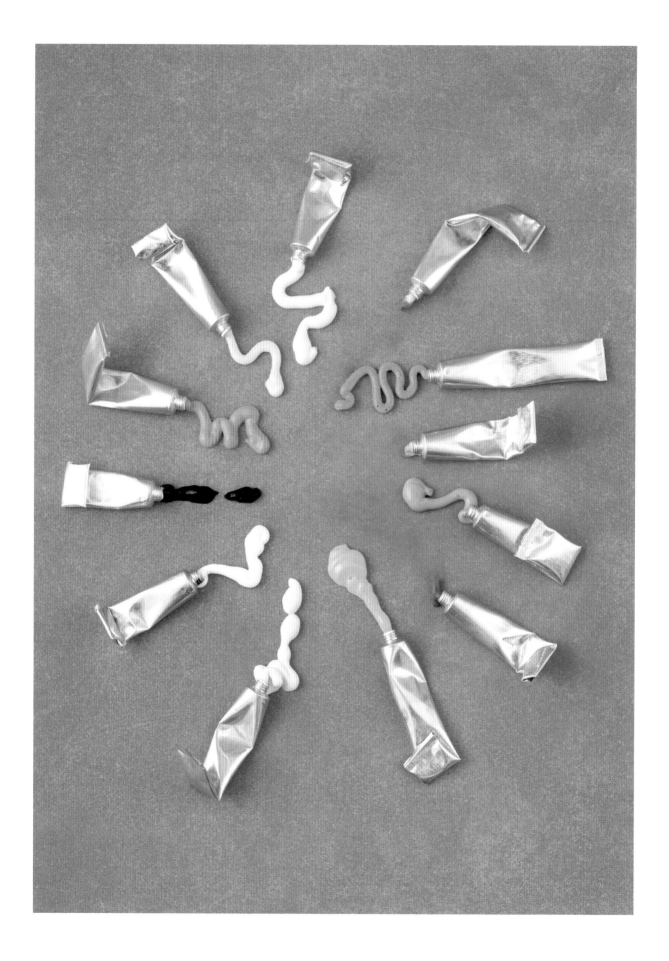

醬汁

醬汁不一定要裝在醬料盅中，還可以拿來當作裝飾元素，以及揮灑創意的素材，讓一道菜呈現出完全不一樣的風景。以下圖例便是一些運用醬汁擺盤的方法，使它成為視覺焦點：

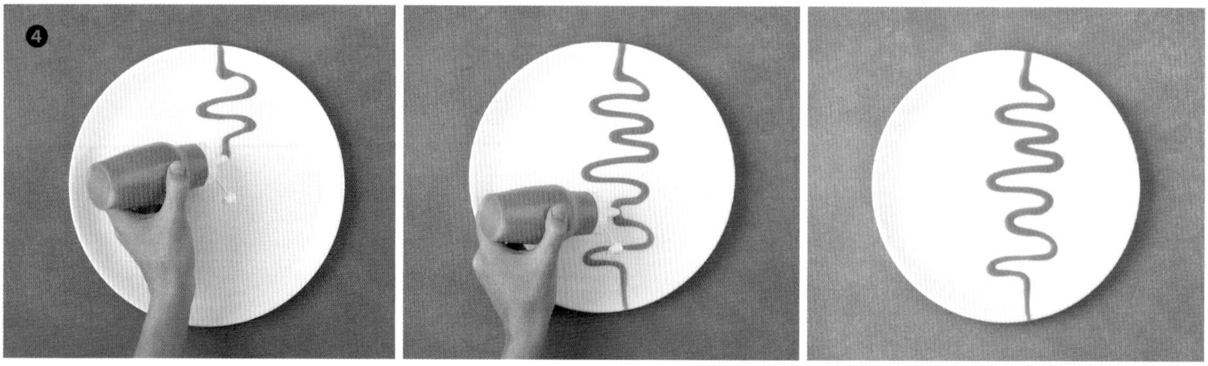
4

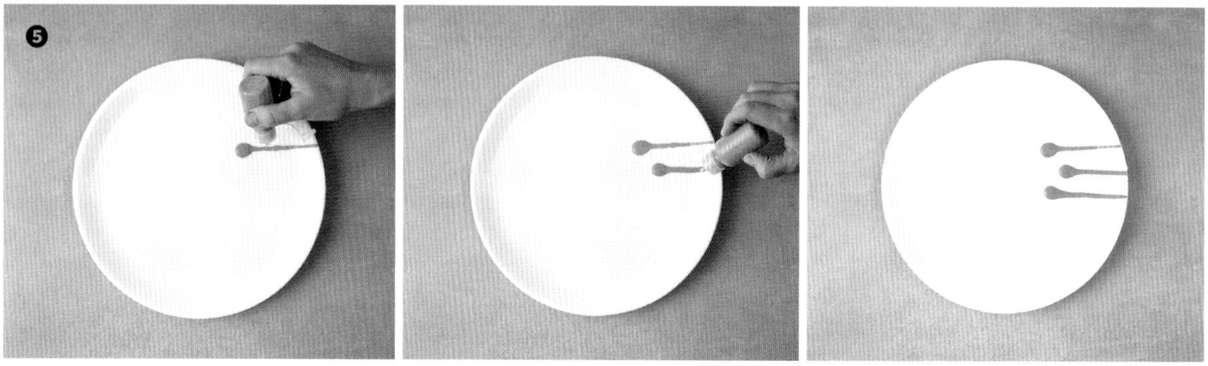
5

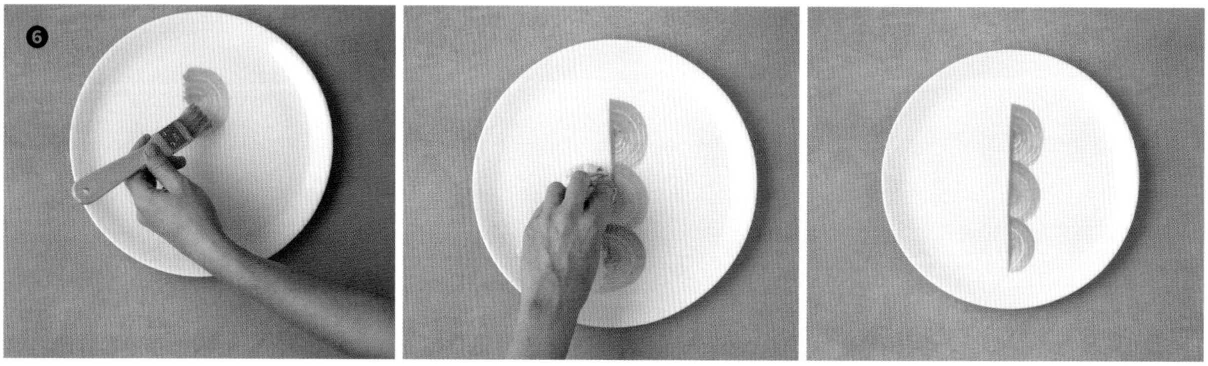
6

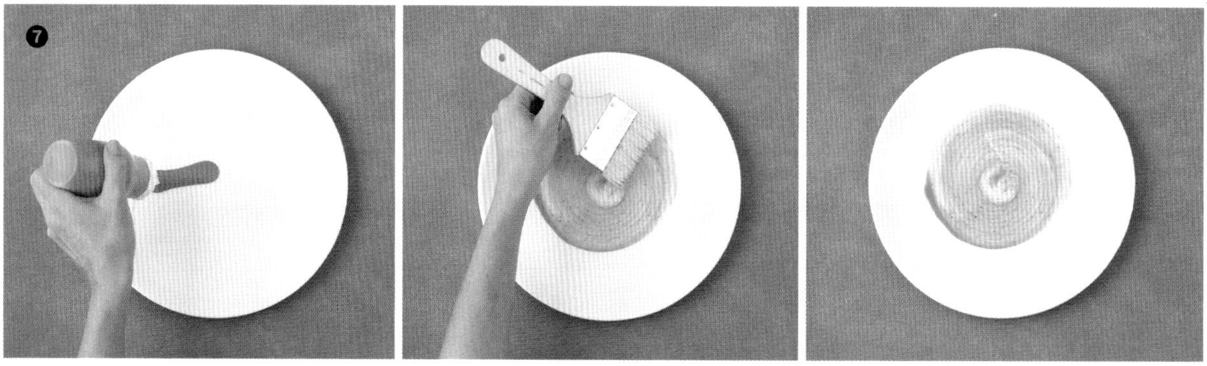
7

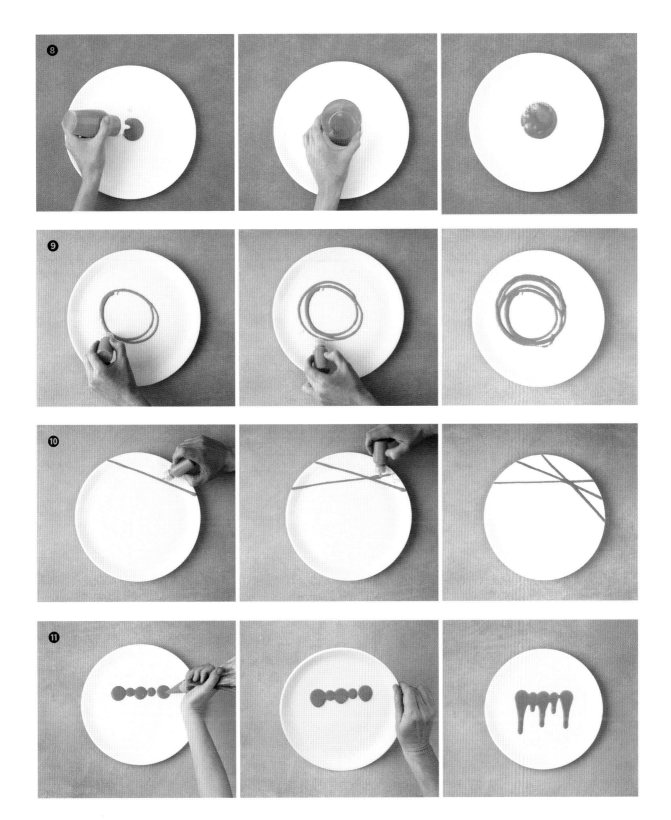

粉狀配料

一道菜若是食材簡單，又不含醬汁或泥狀食物，通常並不容易擺盤。如果你找不到能聚焦視線的方法，或者想以推陳出新的方式擺盤，就可以使用粉狀配料（像水果粉、可可粉、活性炭、調味粉或細糖粉）製造對比、突顯焦點，或描出框架。以下就是巧妙使用粉狀配料之圖例：

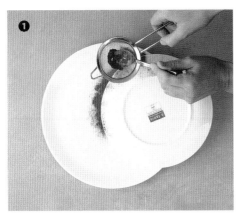

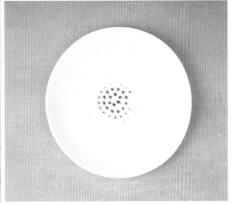

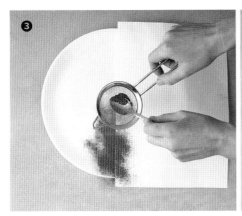

裝
飾

053

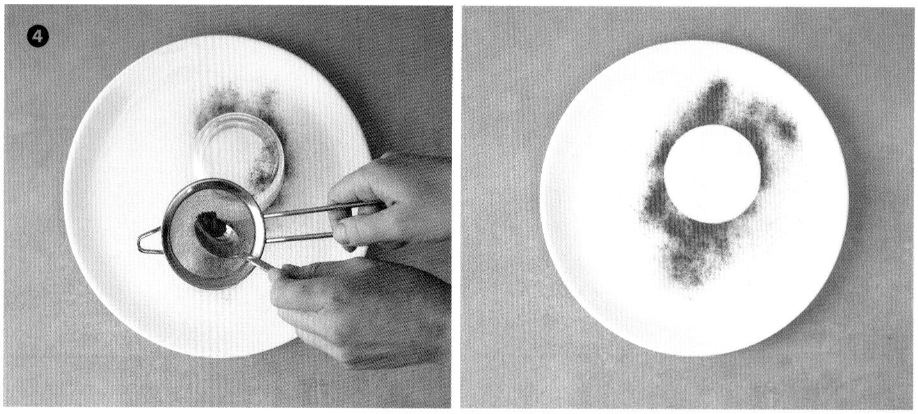
4

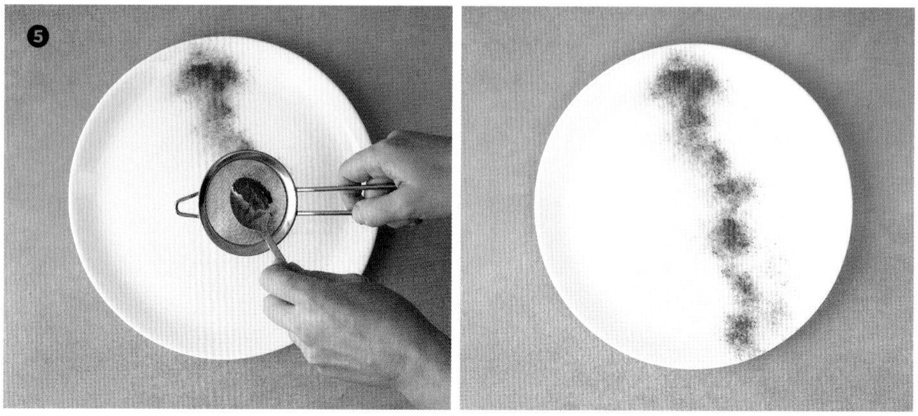
5

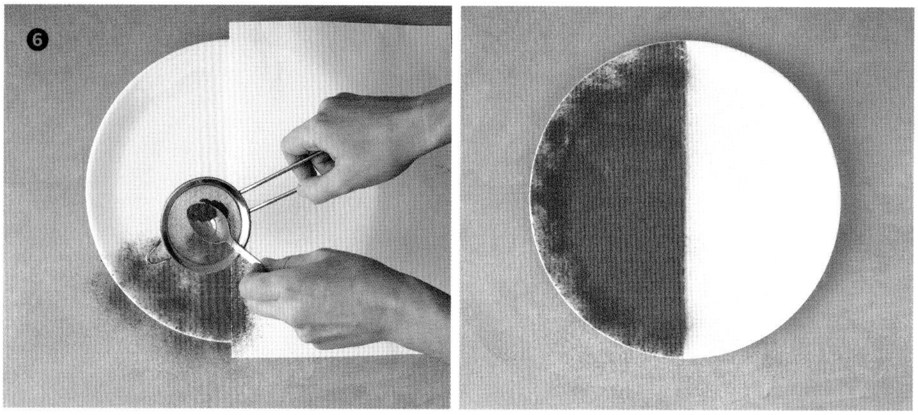
6

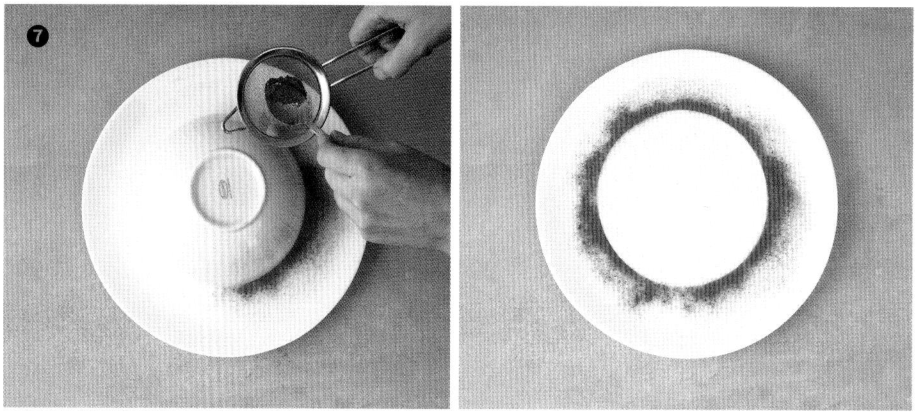
7

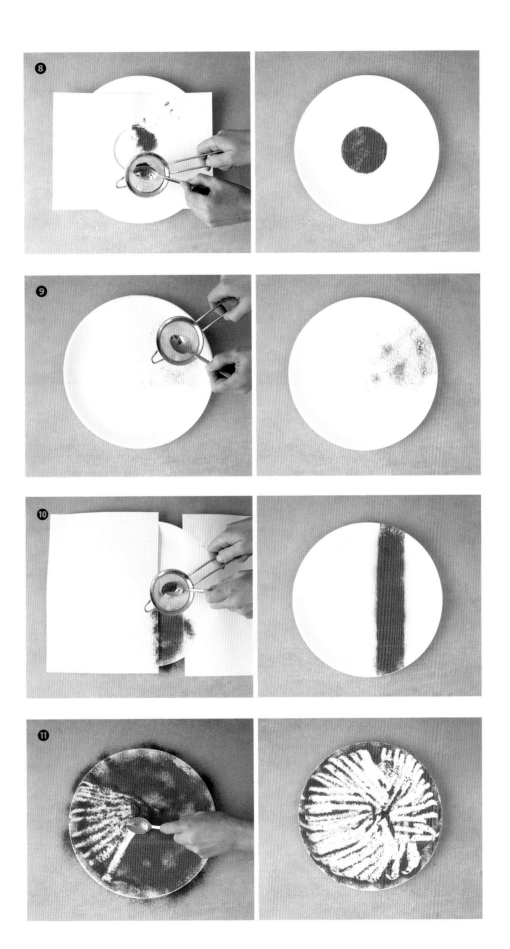

裝飾元素

裝飾元素通常是最後**畫龍點睛**的那一點，能讓擺盤優美的一道菜顯得更加獨特有創意，也是主人對客人的致敬之意。藉由額外的顏色，或是質地及味道，裝飾元素會使一道菜變得更為豐富，且在視覺上是最後的錦上添花。這裡同樣要注意：**利用顏色反差製造對比！**但要記得，裝飾元素必須與食物相襯，不可令主要食材在視覺或味道上黯然失色。最重要的是，裝飾元素必須是**可食用的**，若進餐時還得費力將裝飾元素挑到一邊，再美的裝飾也只會扣分。擺放裝飾元素必須審慎，最佳的放置之處，便是那些仍然缺乏視覺焦點的地方。

接下來我會示範一些裝飾元素的製作方法，端上桌絕對會令人驚嘆！

鹹味裝飾元素

| 部分展示 |

完
美
擺
盤

括號內為食譜所在頁數

裝
飾

吐司捲

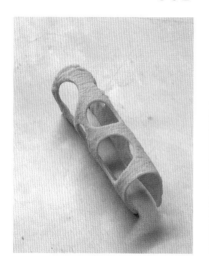

1 烤箱預熱至160度（上下火），取1片吐司，將四邊切掉，再用擀麵棍或製麵機擀成薄片。

2 以大小不同的圓形壓模，或用擠花袋的花嘴也可，在吐司薄片上壓出不同大小之圓洞。

3 將壓好洞的吐司片掛在可以放進烤箱的圓管上。垂下來的部分，可找能放進烤箱的器具固定，以便定型。放進預熱完畢的烤箱烤約10分鐘，等麵包定型且變得酥脆便可取出。

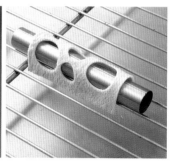

麵筋球

1 450克德制405型麵粉*，以250–300毫升的水，放進攪拌機中攪拌約10–12分鐘，直至麵團表面光滑平順，再將麵團蓋住靜置1小時。

2 在水流下不斷將麵團拉開再揉成一團，直到變得很有彈性，而且沖洗下來的水也變得清澈，不再白濁，剩下的就是麵筋了。

3 烤箱預熱至190度（熱風循環），並將麵筋捏成小圓球，烤盤抹油防止沾黏，再將小圓球依序留些間隔、排在烤盤上，送進烤箱烤約15–20分鐘，直至小球膨化且呈金黃色即可。

★ 譯註：德國麵粉的型號，是以每100克麵粉中含多少毫克礦物質為區別，小麥麵粉最常見的就是405及550，若論筋性，都是所謂的中筋麵粉。坊間中文資料把405當成低筋，1050認作高筋，這是錯誤的說法。由於礦物質含量與粉磨的精細度有關，因此型號數字愈小，代表粉粒愈精細。

杜蘭小麥片磚

1 150毫升雞高湯加入2克洋菜攪拌，再拌入250克杜蘭小麥麵粉、25克橄欖油及25克融化後的奶油。麵團靜置約10分鐘，再放在烘焙紙間，用擀麵棍擀成薄片。

2 烤箱預熱至130度（上下火），再將薄片送進烤箱烤約25分鐘至金黃色。

3 待涼後，掰成適合的大小片。

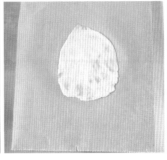

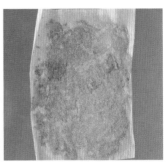

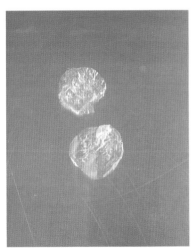

透明馬鈴薯脆片

1 4大顆粉質馬鈴薯，拿刀劃開表皮約1公分長，用2大匙橄欖油及少量鹽巴抹勻放進預熱至190度（上下火）的烤箱中烤25分鐘。取出後放在鍋子裡再用500毫升燒開的熱水澆下，然後靜置於室溫下2小時。將水過濾後再以中火煮至沸騰，加入2大匙馬鈴薯澱粉攪拌，直到變成膠狀。

2 用大湯匙或尖嘴擠壓瓶將凝膠在鋪著烘焙紙的烤盤上畫出橢圓形（不要太薄！）。再放進烤箱以60度（上下火）烤約2小時後直到乾燥為止。

3 乾燥的薄片放入160度的葵花油中炸到透明酥脆，放在廚房紙巾上吸去多餘的油脂，再灑上鹽巴調味。

裝飾

珊瑚脆片

1 將1大匙德制550型麵粉與5大匙葵花油及6大匙水攪拌均勻（若想添加顏色可再加入微量耐熱食用色素染色，或者5克墨魚汁）。

2 平底鍋以中小火燒熱，再將混和好的麵糊倒入鍋中。

3 將麵糊煮至水分完全蒸發（不再冒小氣泡），再從鍋中取出。

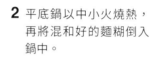

海苔脆餅筒

1 烤箱預熱至160度（熱風循環）。海苔剪成正方形，其中一邊邊緣塗上一層薄薄蛋白。將塗有蛋白那一邊角黏上錐形模尖角小心捲起，成一錐形筒。

2 海苔最外圍一邊的內面也塗上蛋白，兩端黏緊。其他的正方形海苔也以相同方式捲成錐形筒。

3 將尖筒放置於鋪好烘焙紙的烤盤上，送進烤箱烤4-6分鐘，取出後將海苔從錐形模取下，靜置放涼。

帕瑪森起司
編籃、脆片

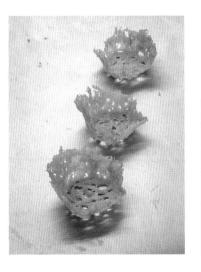

1 烤箱預熱至200度（上下火）。將一個直徑約6公分大小的圓型壓模放在鋪上烘焙紙的烤盤上，10克帕瑪森起司刨成細絲，放進壓模中。

2 重複上述步驟，將做出的9個帕瑪森起司細絲圈在烤盤上。

3 放進烤箱烤約4-6分鐘至金黃色，取出後可直接當成脆片使用，或趁熱放在適當的容器（例如烈酒杯）上，壓下邊緣呈小編籃狀。

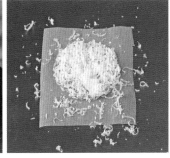

番紅花帕瑪森
起司脆餅

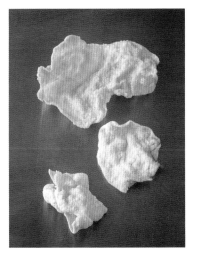

1 100克帕瑪森起司刨成細絲，與2克番紅花一起放進裝有250克水的鍋子裡。

2 以中小火加熱，不時翻動，直至起司變得黏稠。

3 取出起司團瀝乾，放在兩張烘焙紙間擀成薄片，送進烤箱以75度（熱風循環）烘烤4小時直至乾燥。取出後用手掰成一塊塊餅狀，再以葵花油加熱180度油炸，取出後放在廚房紙巾上瀝乾。

裝飾

番茄皮

1 烤箱預熱至80度（熱風循環），500克番茄洗好，表面以刀畫十字，放進滾水中汆燙，取出後立即放進冷水冰鎮。

2 將番茄皮盡可能保持大片撕下，清除殘留於皮上的番茄肉。將撕下來的番茄皮放在鋪著烘焙紙的烤盤上，送進預熱好的烤箱中烤約1.5小時直至乾燥。

（胡蘿蔔）泡沫

1 400毫升的液體（此處使用胡蘿蔔汁）放進容器中，加入4克大豆卵磷脂（喜歡的話也可以先將液體加熱，但不要超過40度）。

2 以手持攪拌器在液體表面攪拌，使其產生泡沫，再用湯匙取出泡沫。

番茄脆片

1 烤箱預熱至140度（熱風循環），番茄切片（喜歡的話，切片完可以灑點橄欖油、鹽巴及少量胡椒粉）。

2 將番茄片放在鋪好烘焙紙的烤盤上，送進烤箱烤約4小時，直到達成期望的酥脆。

黑色木薯脆餅

1 100克木薯粉圓放進水中煮至沸騰，再以中小火煮15分鐘，直到粉圓除了中心一小點之外全都變成透明。將煮好的粉圓倒在濾網上，用冷水沖過。放進碗裡加上1小匙墨魚汁拌勻。

2 烤箱預熱至80度（熱風循環），將染好色的粉圓倒在鋪好烘焙紙的烤盤上抹平，放進烤箱烤約4小時，取出後掰成小塊。

3 葵花油加熱至180度，將粉圓塊放入油鍋幾秒立即取出。

黑色湯珍珠[★]

1 60克德制405型麵粉、3顆蛋、2大匙牛奶、1大匙油、1小撮鹽、1小匙墨魚汁，混和攪拌均勻平滑，麵糊須保持可流動滴落的狀態。

2 將油倒入鍋中加熱至160度，麵糊以漏勺過篩，滴進熱油中炸約3分鐘，直至酥脆。

3 將湯珍珠從油裡撈起，放在廚房紙巾上吸去多餘的油。

紫蘇片磚

1 一小籃紫蘇葉放進碗中，1大匙玉米粉用少量的水攪開後，加入碗裡和紫蘇葉一起攪拌，確保每片葉子都被澱粉水沾濕。

2 烘焙紙刷上少許的油，將紫蘇葉放置於上，並讓每片葉子之間彼此雖然相連，但不完全重疊。再將一張烘焙紙刷上少許的油，覆蓋於上。烤箱預熱至195度（熱風循環）。

3 用擀麵棍小心擀過夾著紫蘇葉的烘焙紙。之後用烤盤或可放進烤箱的大盤子壓住，放進預熱好的烤箱約10分鐘烘乾。拿掉壓住的重物及上層烘焙紙，再烤幾分鐘，直至紫蘇葉酥脆為止。

完美擺盤

★ 譯註：黑色湯珍珠為炸麵包脆粒，通常拿來加在湯裡。

更多鹹味裝飾元素

廚房裡還有許多唾手可得的材料可拿來做成裝飾元素，以下就是一些例子：

- **香草**：不只能幫食物增添滋味，還可以賦予色彩，可切碎也可使用完整葉片。除了大家都熟知的香草外，近年來也有所謂的微型菜苗（Microgreen，香草或芽菜嫩葉），不但可使盤中食物更添美味，也能讓外觀顯得特別精緻。

- **香草油或辣椒油**：能增添食物風味，可使大部分的湯品更添滋味。

- **美乃滋**：能補充食物滋味，還能改變視覺意象。若使用西班牙chorizo臘腸風味或山葵風味的加味美乃滋，會使食物更有變化，味道也會更豐富。

- **麵包脆片**：適合拿來當作湯品裝飾，但也可以當開胃菜的底板，或是拿來作牛肉韃靼這類前菜的配菜。某些菜色也可以改用德式麵包丸子（Semmelknödel）做成脆片來搭配。

- **堅果＆種子**：提供食物爽脆的質地，例如切碎的榛果或核桃、南瓜子或葵花子，以及花生、奇亞籽、罌粟籽*或芝麻。

- **食用花卉**：無論是乾燥形式（例如玫瑰花蕾、薰衣草、矢車菊花、洛神花）或新鮮花卉（例如三色菫、勿忘我、玫瑰、金蓮花、雛菊），都是為食物添色、吸引目光的天然物。

- **青醬**：使用這個色香味俱全的裝飾，可使食物更顯豐富。視覺及口味都有許多變化，從最經典的羅勒松子仁青醬到各種自創配方，例如芝麻菜榛果青醬、牛肝菌菇青醬、乾燥番茄青醬，或是甜菜根花生青醬。

- **印度甜酸醬**：這種色彩鮮豔的醬汁可增加食物的視覺美感，酸酸甜甜的味道也可以在味覺中製造出對比效果。

- **醬汁**：不僅增添食物美味，還很適合用來當裝飾元素。你可以在本書第48頁起找到一些想法及建議。

- **魚子醬**：即便不是真正的魚子醬，這種配料仍然非常適合拿來裝飾韃靼料理與蛋料理，還有魚、肉等，甚至連開胃菜也都適用。除了最負盛名的黑色貝魯迦鱘魚子醬之外，橘紅色的鱒魚卵或自製的巴薩米可醋魚子醬都可以製造極佳的視覺效果。

- **藜麥爆米花**：是開胃菜及前菜的絕佳裝飾，能使食物增加爽脆的口感，且嘗起來微帶堅果的味道。

- **鹽之花＆馬爾頓天然海鹽**：這種鹽巴的形狀與大小，比一般普通鹽巴更適合拿來作裝飾。有不同的顏色及口味可供選擇。

- **脆餅**：不只是開胃菜的完美基礎，也可以幫前菜及主菜增添風味。製作脆餅的原料可以是米、木薯、帕瑪森起司或米紙。

其他鹹食類裝飾請見本書第227頁起。

★ 譯註：罌粟在德國是非常普遍的食材，但在台灣是被列為毒品管制的項目。

甜味裝飾元素

| 部分展示 |

完美
擺
盤

括號內為食譜所在頁數

裝
飾

蛋白霜餅

1 取4顆蛋白放進大碗，加1小撮鹽巴打至起泡，將200克糖一點一點分次加入，繼續打發約7分鐘，直到糖全部溶解，且抬起攪拌器，尖端的蛋白霜不會滴下的狀態。加入1小匙馬鈴薯澱粉於其中，再攪拌一下。將湯匙或竹籤沾上食用色素（膠狀或膏狀），在擠花袋中由下往上畫線。

2 烤箱預熱至100度（上下火）。蛋白霜放進擠花袋中，裝上擠花嘴擠在鋪好烘焙紙的烤盤上。放進烤箱依餅乾大小烘烤約90-110分鐘，期間須不時打開烤箱，讓裡面的水氣散開。之後放進密封盒中，可保存幾個星期。

1 直髮器預熱好後，將1顆水果糖（例如Campino水果糖）夾在兩張烘焙紙間，小心用直髮器夾住。在糖果逐漸融化時，小心調整夾子的壓力，必要時要將糖果挪到夾板中間，直到糖果融化成薄片，放進密封盒中保存。

糖果網片

蜂巢糖

1 210克糖、75克葡萄糖漿、30克蜂蜜放進鍋中,以低溫不斷攪拌煮滾,再繼續加熱直到糖漿達到160度為止。

2 將鍋子移開,小心加入9克小蘇打迅速攪拌。

3 將起泡的糖漿倒在烘焙紙上放涼,完全冷卻後可掰成小塊,放在密封盒中保存。

(草莓)魚子醬

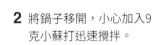

1 取一容器裝滿一半的水,再加入占剩餘空間四分之一的植物油,放入冷凍庫冷凍約1小時。200毫升草莓汁放進小鍋,以中溫加熱到僅剩一半,加入2克洋菜混和均勻再度煮開。移開鍋子,等汁液稍涼後填入注射筒中。將容器從冷凍庫取出,擠壓注射筒成小顆粒狀進油水混和的液體中。

2 以湯匙將「魚卵」撈出,放在濾網上,用冷水沖洗。

義式蛋白霜

1 150克糖加50克水融化並加熱煮開，並以中溫繼續滾沸約10分鐘，至糖漿達到118度為止。等待期間先將100克蛋白用攪拌機打發，打發時逐次加入50克糖。關掉機器。

2 糖漿一到118度，立刻打開攪拌機，並將糖漿緩慢細流地加入蛋白霜。再持續攪拌約20分鐘，直到蛋白霜降溫至室溫左右。蛋白霜可以塗抹在盤子上，或者用擠花袋擠出水滴狀，用以裝飾小蛋糕。

3 最後再用料理噴槍，小心燒出金黃色。

焦糖絲碗

1 取一個金屬圓碗（或以大圓杓取代）倒扣，刷上植物油防沾黏，放在一旁待用。200克糖放進鍋中，以中小火加熱融化成琥珀色焦糖。移開鍋子，用湯匙舀出膏狀焦糖小心在圓碗上來回畫細線，先直向畫線……

2 ……再橫向畫線。最後小心將編織出來的圓弧從碗上移開。如果不馬上使用，可放進密封盒中保存。

焦糖裹榛果

1 取一保麗龍盒備用（鋪上烘焙紙的烤盤也可以）。80克完整榛果仁不加油以平底鍋烘炒，待涼後每顆榛果仁都插上牙籤。

2 200克糖放進鍋中以中火加熱融化成琥珀色的焦糖。移開鍋子，將串在牙籤上的榛果仁逐一浸入，拉出一根小細條。若焦糖不夠黏稠，就放涼些再使用。

3 將榛果仁及尾巴倒插在保麗龍盒內部上蓋（也可以放在烘焙紙上）待涼。除了榛果仁之外，還可以使用水果，例如草莓，浸入焦糖醬中。

開心果焦糖片

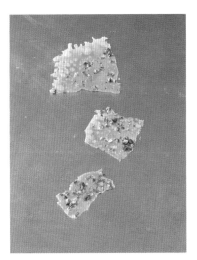

1 烤箱以烤肉功能預熱。將40克開心果搗碎，100克焦糖糖果則用果汁機打碎。將焦糖細粉過篩在鋪好烘焙紙的烤盤上。

2 將開心果小碎粒均勻灑在焦糖細粉上。

3 送進預熱好的烤箱以烤肉功能烤約45分鐘，直到焦糖出現金黃色。取出放涼，掰成小塊，放進密封盒中保存。

裝飾

氣泡巧克力

1 500克牛奶巧克力隔水加熱融化，加入100克植物油混和均勻。另取一大碗鋪上保鮮膜備用。將巧克力植物油醬過濾倒入奶油槍中（容量500毫升），裝上4顆氣彈，每加入1顆就要用力搖晃約1分鐘。

2 將泡沫打入預備好的容器中，靜置約2小時待涼。掰成小塊。

巧克力隕石片

1 將200克調溫巧克力（調溫方法請見第245頁）放入小碗，取一平底杯，將杯底浸入巧克力中拿起。

2 將杯子放在烘焙紙上……

3 ……立即拿起，使巧克力表面凹凸不平（若巧克力醬不夠濃稠，等硬一點再試）。凹凸不平的巧克力圓餅放入冰箱約2小時，喜歡的話，還可以再灑點像黃金粉之類的粉末裝飾。

巧克力蜂巢

1 取一張未使用過的氣泡紙，塗上一層薄薄的植物油。

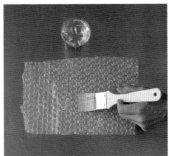

2 用刮刀將200克調溫巧克力（請見第245頁）塗上厚厚一層。靜置約2小時待涼。

3 剝開氣泡紙時，要將巧克力朝下、氣泡紙朝上，小心撕下。最後掰成小片。

巧克力乾草堆

1 取一個深一點的容器（例如玻璃杯）裝水，放入冷凍庫中約1小時，拿出裝著冰水（但未結冰）的容器。150克調溫巧克力（請見第245頁）填入擠花袋，擠入裝有冰水的容器中，靜置15分鐘，待巧克力變硬後拿出，放在廚房紙巾上晾乾。

巧克力小碗

1 吹幾顆尚未使用過的小氣球。取一個有點深度的碗放入300克調溫巧克力（請見第245頁）。將氣球浸入巧克力醬至約一半之處，讓巧克力裹住氣球。

2 從巧克力醬中取出氣球，小心地放在鋪著烘焙紙的盤子上，放進冰箱冰約1小時。

3 從冰箱取出，用刀刺破氣球，其他殘餘用手指或鑷子小心從巧克力上撕下。

堅果碎粒巧克力片

1 200克調溫巧克力（請見第245頁）倒在鋪有烘焙紙的烤盤上。

2 用刮刀將巧克力刮勻抹平。

3 在仍有餘溫的巧克力上灑些烤好的榛果仁碎粒或其他裝飾。放進冰箱冰約2小時待其凝固，最後再掰成小塊。

（巧克力）海綿

1 80克磨碎的榛果仁、5顆蛋、135克糖、45克德制505型麵粉及30克可可粉（也可使用其他顏色的水果粉取代），用手持攪拌棒攪拌均勻，用濾網過篩後填入奶油槍中（容量500毫升）。

2 奶油槍裝入1顆氣彈，用力搖晃至少40秒。

3 將泡沫打進紙杯或其他能放進微波爐的容器裡，放進微波爐開啟最大功率，微波1分鐘。

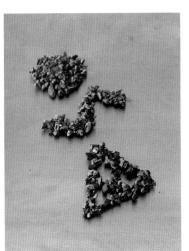

巧克力字母

1 50克可可粒（也能以搗碎的榛果仁或糖漿裝飾取代）切碎，放進盤中。

2 100克調溫巧克力（請見第245頁）填入擠花袋，隨意擠出花飾形狀，將盤子放進冰箱約2小時。

巧克力線圈片

1 取一張投影片放在盤子或其他平底上。150克調溫巧克力（請見第245頁）填入擠花袋，在整張透明片上畫滿斜線。

2 在原本的斜線上，以垂直方向畫滿細線。

3 待巧克力稍硬，不再是液體狀態，但也還不太硬時，取圓形壓模壓出圓圈。若巧克力太硬，可將壓模先放在預熱好的平底鍋中加熱，再壓出巧克力線圈片。

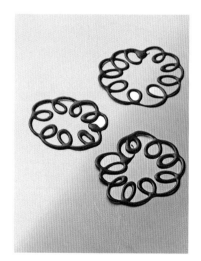

1 100克調溫巧克力（請見第245頁）填入擠花袋，在烘焙紙上迅速畫圈，可自由嘗試不同大小與形狀。

巧克力花環片

巧克力圓球

1 備80克調溫巧克力（請見第245頁），取一塑膠空心圓球，從中打開，半邊放一旁備用，另外半邊填入巧克力至約三分之一處。

2 將圓球兩個半邊合起來，用力搖晃，使巧克力能均勻分布在整個球壁內部。

3 將圓球放進冷凍庫約2小時，讓巧克力變硬且兩邊黏合。取出後小心打開塑膠圓球，即可拿出巧克力圓球。（接下來請看下圖步驟。）

4 如果想在圓球上打洞，可以將圓壓模用料理噴槍加熱（或放在燒熱的平底鍋上），再於巧克力圓球上壓出圓洞。

巧克力葉片

1 蒐集庭院或野外漂亮的樹葉，並將其清洗乾淨（也可以使用現成的乾燥月桂葉）。先將葉片背面刷上一層薄薄的植物油，再塗上一層薄薄的調溫巧克力（請見第245頁）。放在鋪上烘焙紙的盤子裡，放進冰箱冷藏約2小時，取出後小心將葉片從巧克力上剝除。

巧克力
三角捲片

1 裁出一張約4×6公分大小的烘焙紙。約50克調溫巧克力（請見第245頁）填入擠花袋，在烘焙紙上畫三角形，再於三角形內粗略填上幾筆線條。

2 將畫好的烘焙紙放進一圓模管中（例如肉醬圓模），再放進冰箱冰約2小時。

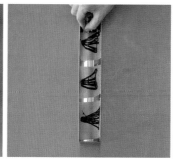

3 從冰箱取出後，小心將巧克力從烘焙紙上取下。喜歡的話，還可以灑些食用金粉點綴。

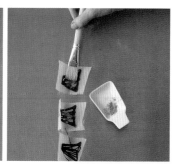

巧克力細絲環

1 150克調溫巧克力（請見第245頁）倒在投影片上，用刮板均勻抹平。

2 待巧克力稍有硬度（但也不會過硬），以鋸齒刮板從頭到尾刮出線條。

3 投影片從一角沿著對角線捲起，用膠帶黏住末端，放進冰箱冷藏約2小時。取出後小心捲開，巧克力自然會從投影片上脫落。若僅需要一點細絲環，可以將投影片裁成小張，然後捲在像濃縮咖啡杯那樣的小容器中固定。

巧克力小管

1 裁一張約11×14公分的投影片。一半投影片用烘焙紙遮起來。50克調溫巧克力（請見第245頁）填入擠花袋，並在投影片上以斜對角線畫滿。

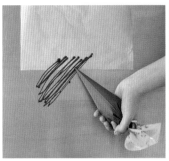

2 於已畫線的部分再補上垂直線畫滿。

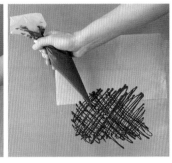

3 小心移開烘焙紙，投影片從有巧克力那端開始小心捲起，並設法讓有巧克力的兩邊連接，必要時將巧克力稍微捲進投影片中。接著再繼續捲起沒有巧克力的半邊投影片，最後用膠帶黏住。放進冰箱約2小時，取出後小心將巧克力與投影片分開。

開心果
巧克力小管

1 舀1大匙60克調溫巧克力（請見第245頁），倒在投影片上，畫出約10公分長的橢圓形。

2 巧克力稍微凝固後，使用有鋸齒的刮板從中間起分別往兩邊刮出凹痕。使用彎角抹刀或湯匙在中間抹一道，使部分凹痕消失。將5克搗碎的開心果灑在巧克力上。

3 將投影片掛在一根圓桿上，並使中間無凹痕處剛好擺在圓桿上方。投影片兩端黏住，以免下滑。靜置2小時，待乾後再小心將巧克力從投影片上取下。

水果裝飾元素

完美擺盤

括號內為食譜所在頁數

更多甜味裝飾元素

廚房裡也有許多素材可拿來裝飾甜點，以下就是一些例子：

- **可可粒**：這個香氣十足的玩意兒是從可可豆提煉出來的，所以有非常濃郁的可可味，且略帶苦味。最適合添加在綜合麥片，或是用來點綴甜點及果昔。
- **烘炒堅果仁**：是最簡便的裝飾，能使甜點增添特殊的清脆口感。
- **烘烤葡萄乾**：連梗的葡萄乾是特別好的裝飾，也非常適合拿來當作沙拉配料，或搭配起司拼盤。
- **香草**：使用像薄荷或檸檬香蜂草之類的香草於甜點上，也能增加色彩並使甜點更有滋味。
- **水果**：是極佳的甜點裝飾，能使甜點質地口感更為豐富，且賦予新鮮自然的滋味。經典的百搭水果有山桑子、草莓、覆盆子、黑莓、燈籠果和百香果等。糖漬醋栗或糖漬覆盆子非常吸引目光，果泥乾或像鳳梨、火龍果、西洋梨等水果脆片的效果也非常棒。
- **粉狀配料（如可可粉、肉桂粉、椰子粉、細糖粉或水果粉等）**：非常適合用來製造顏色對比，你可以在本書第52頁起找到一些想法及建議。
- **鮮奶油**：極佳的裝飾元素更是純粹的美味享受。若再綴以可可粉、一點冷凍覆盆子或少量果醬，會有更多的顏色對比及更豐富的滋味。
- **煎餅等各式薄餅**：薄薄的小餅幾乎可以搭配所有甜點，並增添食物質地，製作也很簡便。
- **水果醬汁**：可為食物增添另一種質地，並能使外觀更加圓滿。醬汁擺盤的方式可以在本書第48頁起找到一些極佳的範例。

還有更多適合搭配甜點的裝飾元素做法，請見本書自第244頁起的食譜。

Ger

餐 點

擺盤完畢！

接下來所有擺好盤的餐點，都附有圖解步驟，讓你可以試著逐一照做。透過這些實物範例，主要是希望能幫助讀者更容易創造出個人視覺美感的經驗。你可以參照食譜，加入自己的創意，或者藉由我的想法及建議，創造出個人的新組合。在某些食譜中，我提供了幾種不同的擺盤方式，讓讀者能更容易理解擺盤的變化與可能性有多麼豐富。現在，就開始動手嘗試吧！

食譜

食譜列於本書第206頁起，圖解照片下方會列出食譜所在之頁數。

開胃菜

迷你凱薩沙拉

置於帕瑪森起司編籃

2 先放進1片酥脆的麵包脆片，再放上1/2顆鵪
鶉蛋於沙拉上。

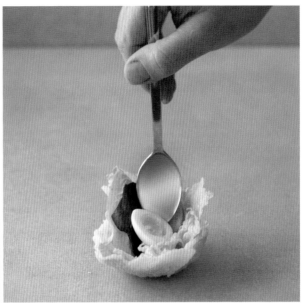

1 取幾片蘿蔓萵苣與紫葉菊苣，放進帕瑪森起
司編籃中。

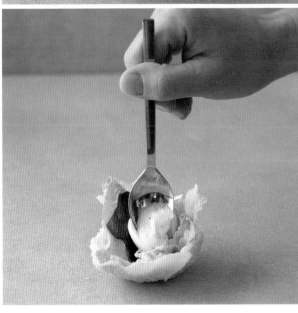

3 用湯匙將沙拉醬鋪在蛋上。

4 最後再灑點現磨的黑色海鹽在蛋與沙拉上，
並以少許微型菜苗嫩葉點綴。

食譜請見第206頁

餐點 — 開胃菜

鮪魚韃靼
置於餛飩皮脆餅筒

2 將鮪魚韃靼以湯匙小心填入脆餅筒。

1 將1個餛飩皮脆餅筒插在海鹽上。

3 放上少量的鱒魚卵。

4 最後再以1小根炸米粉點綴。

食譜請見第206頁

餐點｜開胃菜

雞柳條

沾夏威夷豆碎粒
佐芒果蒜泥美乃滋

1 將2大匙芒果蒜泥美乃滋以擠花袋擠進玻璃杯中。

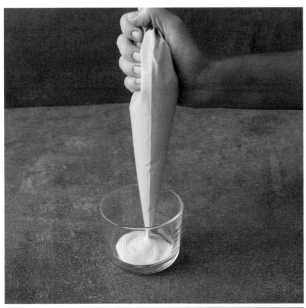

2 放幾片酸漬野菜沙拉進杯中。

3 將少量甜椒細絲放在野菜沙拉上。

4 最後再將1條雞柳串在竹籤上，放在甜椒細絲上。

食譜請見第206頁

牛肝菌菇起司串

加燈籠果蔓越莓與核桃

2 再插入1小方丁牛肝菌菇起司。

1 將1顆燈籠果小心地插入水果叉或甜點叉。

4 最後將1小塊核桃放在蔓越莓旁,全部再滴上幾滴蜂蜜。

3 放1顆蔓越莓在起司塊上。

食譜請見第207頁

豌豆冷湯

裝在玻璃試管

1 將玻璃試管管口以刷子刷上1公分寬的奶油
起司。

2 再將抹上奶油起司的管口沾上藜麥爆米花。

3 用漏斗將湯填進試管。

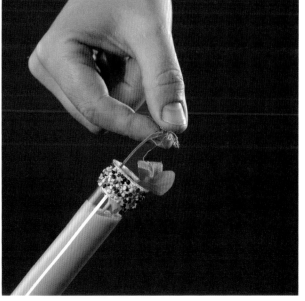

4 最後再用1根豌豆苗裝飾。

食譜請見第207頁

餐點　開胃菜

醃製鮭魚

甜菜根捲

1 將黑麥麵包片塗上辣根醬。

2 在1片甜菜根薄片放上1塊醃製鮭魚。甜菜根薄片兩邊用迷你洗衣夾固定，包住醃製鮭魚。

3 在鮭魚兩端放幾顆醃漬芥末籽，再用擠花袋在兩端擠出1小朵山葵醬，綴以蒔蘿尖裝飾。

4 將擺好的醃製鮭魚小心地放在辣根醬上，最後灑一點現磨的黑色海鹽於上。

食譜請見第208頁

餐點一開胃菜

芒果西班牙冷湯

佐麵包脆片

1 用漏斗將湯倒進玻璃瓶中約至三分之二的高度。

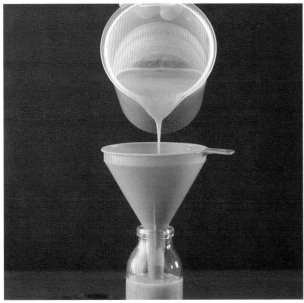

2 取一小刀在麵包脆片約中心處小心挖出約1公分大的小洞。使用擠花袋擠幾滴法式酸奶油，再擠幾滴酪梨醬點綴。

3 用鑷子小心將幾塊黑橄欖乾屑片、少許花瓣及紫蘇葉點綴於麵包脆片上。

4 最後在玻璃瓶中插進一支吸管，再將裝飾好的麵包脆片小心從中間小洞穿過吸管，平放於玻璃瓶口上。

食譜請見第208頁

鮮蝦檸檬漬

置於木薯脆餅上

2 以擠花袋擠幾滴酪梨醬於木薯脆餅上。

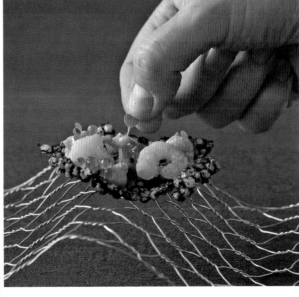

1 用湯匙將鮮蝦檸檬漬擺放置木薯脆餅上。

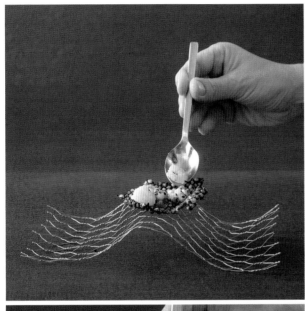

4 最後以少許微型菜苗嫩葉點綴。

3 用湯匙將鱒魚卵平均散放於上。

食譜請見第208頁

餐點｜開胃菜

擺盤完畢！

eisen 前菜

牛肉韃靼

置於麵包脆片上

1 將牛肉韃靼鋪在麵包，中間留下一些空間。

4 將櫻桃蘿蔔薄片切成4分，跟刺山柑花蕾一
起散放在生肉之間。最後再綴以1炸蓮藕脆
片。

3 將少許綠捲鬚萵苣菜尖散放於麵包上。

食譜請見第209頁

餐點｜前菜

牛肉韃靼

佐鵪鶉蛋

1 將一個大圓形模具擺在盤子中，再拿一個小一些的圓形模具擺在大圓中間，留出約3公分寬的間隔，將生牛絞肉填進此間隔中約2公分高，表面抹平。

2 用擠花袋擠幾朵芥末醬於生牛絞肉上，並保持等距。

3 每朵芥末醬旁擺上1片帕瑪森脆片，並將鵪鶉蛋切成兩半，置於芥末醬之間。

4 先將刺山柑果實切半，與炸紅蔥圈散放於圓圈上，最後再以綠捲鬚萵苣菜尖及醃漬芥末籽點綴。

食譜請見第209頁

餐點｜前菜

牛肉韃靼

佐芥末醬

1 將1大匙的芥末醬置於盤子中央稍偏處。

2 取一鍋子用鍋底將芥末醬壓散在盤上,再移開鍋子。

3 將生牛絞肉置放於芥末醬上。

4 最後再以洋蔥丁、炸刺山柑花蕾、細香蔥以及1顆生蛋黃綴於芥末醬上。

食譜請見第209頁

餐點｜前菜

花椰菜

四種質地

2 將1大匙花椰菜泥置於盤上，再以湯匙一側
往下拉一條長線（手法請見第47頁）。

1 將一個圓形小壓模沾上石榴凝膠，再「印」
在盤子上，如此反覆操作。

4 將幾片炸花椰菜脆片及生花椰菜薄片放置於
小朵花球間，使用滴管在5個石榴凝膠印出
的圈圈中填上薄荷油。3片黑色花椰菜脆片
置於小朵花球間，最後再將石榴果粒、核桃
碎粒及紫蘇葉散置於盤中。

3 將幾小朵花椰菜置於菜泥左右邊。

食譜請見第209頁

餐點｜前菜

馬賽魚湯

佐番紅花清湯

2 將1隻蝦子、1塊紅娘魚丁、1根炸馬鈴薯細麵及1顆蛤蜊，擺放於墨魚汁上或旁邊。

1 將1大匙墨魚汁放在近盤緣處，再用湯匙沿著盤緣抹成幾公分長的弧狀。

4 最後將番紅花清湯放進玻璃瓶中，上桌後再小心倒進盤中。

3 將1塊炒過的甜椒及1個羽衣甘藍脆片放置在墨魚汁上，再綴以1根豌豆苗。

食譜請見第210頁

餐點—前菜

卡布里沙拉

佐自製烘烤番茄醬

1 將1大匙番茄醬置於盤中，使用彎角抹刀往下抹開。

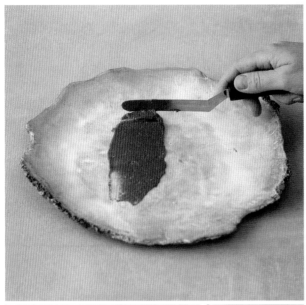

2 使用擠花袋擠出大小不一的帕瑪森起司醬於番茄醬上。

3 將一些不同顏色的甜菜根脆片、櫻桃番茄乾及莫扎瑞拉起司小球散置於番茄醬上。

4 將茖蕘菜葉剪成大小不同的圓，同樣放置在番茄糊上。在與番茄醬平行稍遠處灑上一排細長的橄欖碎石土。最後再綴以青醬與巴薩米可醋魚子醬裝飾。

食譜請見第210頁

餐點 — 前菜

卡布里沙拉

佐羅勒薄荷青醬

1 將番茄薄片、櫻桃蘿蔔薄片、甜菜根薄片、環紋甜菜根薄片及洋蔥圈相互交錯，沿著盤緣擺出一圓弧狀。

2 將莫扎瑞拉起司切成1公分厚的圓片，再將大小不一的起司圓片散置於生菜圓弧上。

3 使用擠花袋擠出幾小朵青醬於圓弧上。

4 以巴薩米可醋魚子醬及蒔蘿尖裝飾，再用擠花袋擠出幾點酸奶油點綴。最後再以滴管將羅勒油散滴在圓弧上，並灑上少許現磨胡椒於沙拉上。

食譜請見第211頁

餐點｜前菜

卡布里沙拉
千層酥

2 櫻桃番茄上再鋪一張薄葉派皮,同樣再放上
幾顆油漬櫻桃番茄,再鋪上一張薄葉派皮當
頂。

1 取一張薄葉派皮置於盤中央,放上幾顆各色
油漬櫻桃番茄。

3 將布拉塔起司球切對半,放在最上面的派皮
上。

4 將巴薩米可醋魚子醬放在布拉塔起司旁,並
散放於盤中,以羅勒葉點綴布拉塔起司。使
用尖嘴擠壓瓶將醃料醬汁塗在千層酥周圍,
最後以少許綠捲鬚萵苣尖散置於櫻桃番茄
間,最後在整道菜上灑些現磨胡椒。

食譜請見第211頁

餐點 — 前菜

熱狗2.0版

佐炸洋蔥酥

1 在盤子中間以壓碎的炸洋蔥酥鋪一條約2公分寬、約有熱狗長度的長條。再用刷子沾芥末醬在盤緣刷出一條約10公分長的寬幅長條。

2 將1整根熱狗切片，厚度約0.5公分左右，用刮刀將其放置於炸洋蔥酥上。

4 用擠花袋在熱狗上依序點上番茄醬，中間的空隙再點上芥末醬，最後在熱狗上綴以辣椒細絲裝飾。

3 用手捏一小團酸黃瓜、木薯粉圓及磨碎的辣根，散置於旁。

朝聖扇貝

佐豌豆泥

2 將朝聖扇貝置於豌豆泥中央。

1 將1大匙豌豆泥放在貝殼上。

4 將鱒魚卵散放於朝聖扇貝上，最後再灑上少許現磨的黑色海鹽。

3 貝殼以海蘆筍（salicorne）裝飾。

食譜請見第211頁

朝聖扇貝

佐味噌美乃滋

1 使用尖嘴擠壓瓶，以味噌美乃滋畫出一條橫貫盤子、彎曲有致的線。

2 在線條及盤緣之間擺上1大匙豌豆泥，再將朝聖扇貝置於其上。

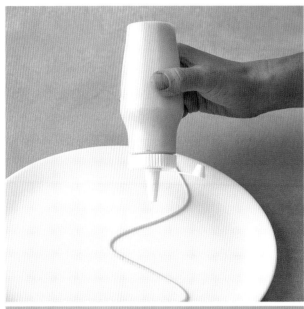

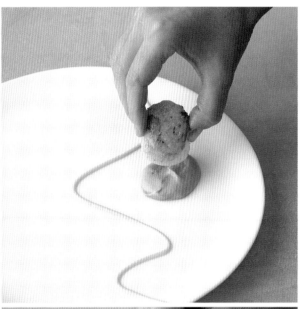

3 將1小塊杜蘭小麥片磚、1小瓣焦脆紅蔥瓣、少許鱒魚卵以及1片微型菜苗嫩葉，散置於彎曲的線上。

4 最後在朝聖扇貝上灑上少許現磨的黑色海鹽，將少量黑麥麵包碎石土擺在朝聖扇貝旁，並在碎石土上綴以2根西班牙chorizo臘腸細條。

餐點 — 前菜

食譜請見第212頁

朝聖扇貝

置於細粉上

1 取一小盤遮住大盤的一邊，黑色食用色素細粉過篩，灑在兩盤交接附近區域，形成一黑色上弦月。

2 將豌豆泥沿著兩盤交接處，在黑色細粉上鋪成月眉型。

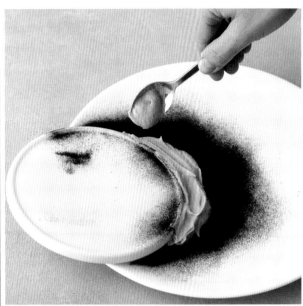

3 在豌豆泥上等距擺上3塊朝聖扇貝，每一塊扇貝前擺上1小塊杜蘭小麥片磚，豌豆泥兩端則各以1小瓣焦脆紅蔥瓣裝飾。

4 最後在朝聖扇貝間各擺上煎過的西班牙chorizo臘腸丁及微型菜苗嫩葉，扇貝上放置少許鱒魚卵。

食譜請見第212頁

餐點｜前菜

雞肝慕斯

佐蔓越莓凝膠

1 將一張薄葉派皮置於盤中央，使用擠花袋在派皮上擠出不同大小的雞肝慕斯。

2 在慕斯之間擠幾點蔓越莓凝膠，並在一些雞肝慕斯上各放1顆蔓越莓。

4 取櫻桃蘿蔔切片靠在慕斯旁，最後再以微型菜苗嫩葉點綴在一些雞肝慕斯上。

3 在雞肝慕斯之間擺上小塊的開心果焦糖片。

食譜請見第212頁

餐點｜前菜

南瓜湯

佐酥皮餅長條

2 在起司之間擺上少許鱒魚卵。

1 使用擠花袋在1片酥皮餅長條上依序擠上幾點山羊奶油起司。

4 將湯倒進湯盤，使用滴管滴幾滴細香蔥油在湯上，最後將酥皮餅小心跨在盤緣上。

3 取一些微型菜苗嫩葉散放於酥皮餅上。

食譜請見第212頁

南瓜湯

佐哈羅米起司

1 將湯倒進湯盤中，並橫貫湯盤擺上一排麵包丁。

2 在麵包丁之間放進哈羅米起司丁。

3 將辣椒細絲散置於麵包丁及哈羅米起司丁上。

4 最後再灑上切碎的細香蔥於麵包丁及哈羅米
起司丁上。

章魚沙拉

地中海風味

1 將馬鈴薯塊及橄欖放進空的魚罐頭裡。

2 將烤櫻桃番茄及煎過的西班牙chorizo臘腸片置於其中。

3 將章魚及刺山柑果實同樣放進魚罐頭裡,並將章魚腳捲起來的部分掛在罐頭邊上。

4 擠幾朵西班牙chorizo臘腸美乃滋於食物之中,最後再用微型菜苗嫩葉裝飾。

食譜請見第213頁

餐點─前菜

火雞胸肉
紫葉菊苣沙拉

佐香橙

1 將沙拉疊起來，先取1片紫葉菊苣放在盤中央。

2 疊上少許洋蔥圈及1柳橙切片。

3 以大圓壓模壓出甜菜根圓切片，放置於柳橙切片上。

4 放上1片火雞胸肉，接下來再放一次紫葉菊苣、洋蔥圈、柳橙、甜菜根及火雞胸肉，再覆以紫葉菊苣作結。最後將菠菜葉散放進各層中，滴上幾滴沙拉醬，再以微型菜苗嫩葉點綴於中。

食譜請見第214頁

餐點｜前菜

鮪魚醬小牛肉

佐蘆筍

1 將圓形模具置於盤中央，填進鮪魚醬約1公分高。

2 將片好的小牛肉捲好，取3捲放在鮪魚醬上排成三角形。

3 每捲小牛肉各以1根蘆筍尖端斜跨於上。

4 最後每捲小牛肉旁放上1個生鮪魚丁及1顆刺山柑果實，再以少許微型菜苗嫩葉裝飾。

食譜請見第214頁

餐點｜前菜

擺盤完畢！

Haup

speisen 主菜

香嫩鴨胸肉

佐根芹菜泥

2 取湯匙在根芹菜泥上撥出3處圓形空白，再
填進醬汁。

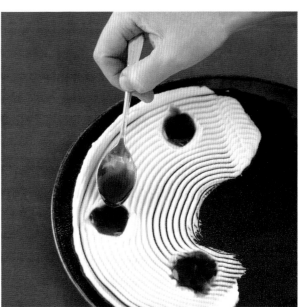

1 舀1大匙根芹菜泥置於靠近盤子邊緣處，使
用有鋸齒的刮板沿著盤緣刮出圓弧。

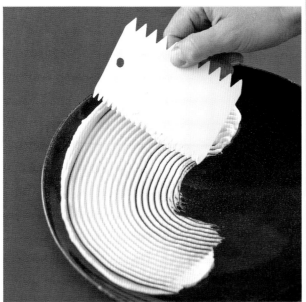

4 在根芹菜泥上擺置方旦馬鈴薯（Fondant
potato）、金針菇、胡蘿蔔捲及小白菜，最
後再以孜然泡沫點綴其間。剩下的醬汁裝在
醬料盅端上桌。

3 每團醬汁上放1塊鴨胸肉。

食譜請見第215頁

鱈魚

佐琴通寧泡沫

1 將番茄甜椒醬舀至盤中呈寬條狀。

2 將魚片放置於醬料上。

3 使用滴管,將歐芹油滴在醬料周圍。

4 將炸馬鈴薯細麵一邊斜跨於魚片上,再於
魚片周圍以奶油槍擠出不同大小的琴通寧泡
沫。最後再以些許豌豆苗點綴。

餐點｜主菜

食譜請見第215頁

義大利麵

佐腰果醬

1 用夾子將沾有腰果醬的義式麵條捲成一大捲（也可以使用湯杓來捲）。

2 將麵條捲小心置於盤中，兩端稍微拉長成橢圓形，並將幾片水煮菠菜葉散放於麵條上。

3 將切半的煎櫻桃番茄擺置於麵條上面以及兩旁。

4 最後再放上帕瑪森起司薄片及松子仁。喜歡的話，還可以灑些現磨胡椒粉於整道菜上。

食譜請見第216頁

餐點｜主菜

柯尼斯堡肉丸

佐甜菜根馬鈴薯泥

2 將3顆柯尼斯堡肉丸等距放置於蔬菜泥上。

1 將圓形壓模置於盤中央，使用擠花袋將甜菜根馬鈴薯泥在壓模外圍擠出寬環。

3 肉丸之間各擺上刺山柑果實、1小塊馬鈴薯以及1條甜菜根細條捲。

4 以醬料盅將醬汁倒在肉丸上，最後再用少量煎過的臘肉丁及一點歐芹裝飾。剩下的醬汁裝在醬料盅端上桌。

牛頰肉

佐番薯泥

1 將1大團番薯泥放在盤中央。

2 將牛頰肉置於其上。

3 淋上少許醬汁。

4 將1大匙醃漬櫻桃蘿蔔薄片及西洋芹長條置
於上，最後再加上1個番薯脆片及1片菾蓬菜
葉。剩下的醬汁裝在醬料盅端上桌。

食譜請見第217頁

餐點｜主菜

瑞可達起司餃

佐甜菜根法式清湯

1 將3顆餃子並列排入湯盤中。

2 餃子之間各放1小匙法式酸奶油。

3 在法式酸奶油上各放幾葉芝麻菜。

4 端上桌後，再將甜菜根法式清湯倒進湯盤中，並在餃子上灑些現磨胡椒。

餐點│主菜

食譜請見第217頁

瑞可達起司餛飩

佐番茄醬

1 將圓形壓模置於盤中央，填入番茄醬於壓模
中至2公分高。

2 將餛飩圍著番茄醬依序排好。

3 餛飩之間各放上少許羅勒葉。

4 餛飩之間再灑些烘炒過的松子仁，最後於整
道菜上灑些現磨胡椒，在餛飩及盤子上滴幾
滴橄欖油。

食譜請見第218頁

瑞可達起司餃

佐羅勒泡沫

1 使用尖嘴擠壓瓶將番茄醬從盤中央開始畫出1條螺旋狀的長線，線條最後必須拉至盤緣。

2 將醃漬番茄丁置於盤中央。

3 在番茄丁上交疊放置幾葉芝麻菜。

4 放上1顆瑞可達起司餃，再用湯匙在餃子上添加羅勒泡沫。最後松子仁依序排在番茄醬線上，再於泡沫上放1片紫蘇葉。

食譜請見第218頁

餐點｜主菜

甜菜根燉飯

佐菲達起司

1 將燉飯用湯匙在盤子裡擺出弦月的形狀。

2 將少量的甜菜根丁與蠶豆散置在燉飯上。

3 再擺上炸紅洋蔥圈及榛果碎粒。

4 最後再以羊起司丁（sheep cheese）及微型菜苗嫩葉為燉飯作點綴。

食譜請見第219頁

餐點｜主菜

薯餅鮭魚堡

佐涼拌大頭菜

1 將一小碗倒扣於盤中央，在周圍灑上過篩的
甜椒粉及薑黃粉。

2 將1塊薯餅放在中間。

4 鮭魚分成幾塊，放在大頭菜上，再放幾葉沾
著醬的沙拉菜葉於上。環繞魚堡周圍滴上沙
拉醬，最後再以微型菜苗嫩葉作裝飾。

3 將涼拌大頭菜放在薯餅上。

食譜請見第219頁

菲力牛排

佐香草藜麥

1 使用尖嘴擠壓瓶，以番薯泥在盤上畫幾個大圓圈。

2 將藜麥在番薯泥一邊排成一寬幅長條。

3 把牛排斜放在藜麥上。

4 甜菜根凝膠裝入擠花袋，擠幾滴在盤子上，並以微型菜苗嫩葉作裝飾。最後於牛排上灑上少許黑色海鹽。

食譜請見第219頁

菲力牛排

佐吐司捲

1 將1大匙番薯泥做成橄欖球形狀，放置於盤緣。

2 3小片牛排以交錯擺置的方式交疊在番薯泥上，再將番薯丁散置於周圍。

3 使用擠花袋，擠幾滴菠菜凝膠及甜菜根凝膠在牛排旁作裝飾。

4 3瓣香酥蒜頭靠在番薯丁上，牛排上灑上少量現磨粗海鹽，再將微型菜苗嫩葉散放於盤子上。最後將約1手掌大小分量的醃漬沙拉放在盤子另一邊，並蓋上吐司捲。

食譜請見第220頁

菲力牛排

傑克遜·波洛克風格

1 將1大匙甜菜根泥置於盤中偏離中央的位置。用湯匙拍打甜菜根泥，使其在盤中四處散濺。

2 將1片牛排置放於甜菜根泥中間，遮住一半，露出一半的紅色圓團。將1小匙的蒸菠菜放進小圓形壓模裡壓出圓扁狀，取3顆圓扁菠菜放置於盤中。

3 使用尖嘴擠壓瓶，在盤子上點出3朵番薯泥，再將3瓣焦脆紅蔥瓣散放於盤中。

4 最後擺上3片微型菜苗嫩葉，再放1片珊瑚脆片於肉排上。

鰈魚捲

佐番紅花美乃滋

2 將1魚捲置於美乃滋上。

1 舀1大匙番紅花美乃滋於盤上，並以鋸齒刮板抹開。

4 將番茄皮、幾小塊珊瑚脆片以及芒果丁散置在美乃滋上面及周圍。最後再以微型菜苗嫩葉及芝麻裝飾盤面與魚捲。

3 黑色米飯壓成橄欖球形狀，同樣放在美乃滋上。

食譜請見第220頁

餐點｜主菜

擺盤完畢！

Des

serts 甜點

起司蛋糕慕斯

佐糖煮覆盆子

2 舀1小匙液態巧克力於巧克力圓的上緣處，
再將巧克力小碗開口朝著盤中央擺置於上。
待其凝固後，再將1大匙糖煮覆盆子放置於
巧克力小碗開門前方。

1 用寬幅刷子將融化的巧克力在盤中刷出實心圓。

3 將3小塊巧克力海綿及1團巧克力碎石土堆分
開依序擺置在巧克力圓周上。

4 在巧克力海綿旁，使用擠花袋各擠1大朵起
司蛋糕慕斯，之後再綴以少量山桑子與醋
栗、焦糖裹榛果及微型菜苗嫩葉裝飾。最後
在巧克力碎石土堆擺上1球橄欖球形狀的冰
淇淋。

食譜請見第221頁

餐點｜甜點

起司蛋糕慕斯

於玻璃杯中

1 取一玻璃杯，以起司蛋糕慕斯裝滿半杯，再倒進放涼的百香果漿汁約2公分高。放進冰箱冷藏約2小時待其凝固。

2 在已凝固的百香果凝膠上鋪滿一層厚厚的巧克力碎石土。

4 最後再將1顆焦糖裹榛果擺在蛋白霜旁。

3 使用擠花袋，在巧克力碎石土上擠出大小不同的法式蛋白霜，並用料理噴槍燒炙蛋白霜一側。

食譜請見第221頁

起司蛋糕

佐義式蛋白霜

2 將1塊起司蛋糕擺在蛋白霜上。

1 舀1大匙蛋白霜於盤子一側，用刮板將其在
盤子上抹成一大圓弧，再以料理噴槍火炙蛋
白霜邊緣。

4 焦糖裹榛果旁各放1/2顆覆盆子、1片薄荷葉
及1小匙糖漬芒果丁。最後在巧克力碎石土
堆擺上1球橄欖球形狀的冰淇淋。

3 起司蛋糕旁放置1大匙巧克力碎石土堆，並
將3顆焦糖裹榛果散放在蛋白霜上。

義式奶酪

佐草莓凝膠

1 在義式奶酪上倒進1–2公分的草莓慕斯，放進冰箱冷藏約2小時，待其凝固。

2 在已凝固的草莓凝膠上放1大匙開心果酥粒，並取1馬卡龍放置於上。

3 將1小匙草莓魚子醬散放在草莓凝膠上，再將1巧克力環置於馬卡龍上方。

4 最後將1片可可香橙餅蓋住杯口，再以1顆草莓及3小團蛋白霜餅裝飾。

食譜請見第222頁

餐點｜甜點

檸檬塔

佐蛋白霜

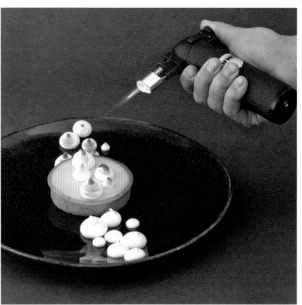

2 以料理噴槍火炙蛋白霜一側。

1 將1份檸檬塔置於盤中,使用擠花袋擠出大小不一的義式蛋白霜,從盤子一邊通過檸檬塔到另一邊,排成一直線。

4 再用鑷子將葡萄柚果粒散放在蛋白霜間,最後在檸檬塔上放1片巧克力線圈片,並在蛋白霜之間擺幾片薄荷葉。

3 使用鑷子夾小花瓣放置於各蛋白霜之間。

食譜請見第223頁

天上掉下來的
巧克力蛋糕

2 將1塊巧克力蛋糕置放於盤中巧克力醬團上，遮住一半，露出另一半。

1 舀1大匙巧克力醬於盤中，用湯匙拍打，使其在盤中四處散濺。

3 將焦糖爆米花散放於盤中。

4 最後將1球橄欖球形狀的冰淇淋放置於蛋糕前，在蛋糕上灑下少許粗粒海鹽。

食譜請見第223頁

巧克力蛋糕

佐焦糖醬

1 舀1團焦糖醬置於盤子上緣。

2 將1塊巧克力蛋糕放在能遮住一半焦糖醬的位置上。

3 用湯匙將巧克力碎石土在蛋糕前鋪成一弧狀。

4 將1球橄欖球形狀之覆盆子冰淇淋放在蛋糕上，最後再散放些焦糖爆米花於巧克力碎石土上。

食譜請見第224頁

餐點｜甜點

巧克力蛋糕

佐焦糖爆米花

1 使用寬幅料理刷，以融化的巧克力在盤子右側部位刷出一條橫跨盤面的寬幅長條。若想要畫出完美直線，可以先在盤子上以2條膠帶標示好巧克力醬的位置，等到巧克力醬凝固後，再撕掉膠帶。

2 將1塊巧克力蛋糕置放在遮住巧克力條三分之二寬的位置。

3 在蛋糕前方擺上1大匙巧克力脆酥，再將1球橄欖球形狀冰淇淋放置於上。

4 在巧克力醬及蛋糕上灑些爆米花及糖漿裝飾（圖例中為金色糖漿）。最後以開心果仁點綴盤面。

食譜請見第224頁

法式巧克力慕斯

佐燈籠果

1 用擠花袋擠出不同大小的巧克力慕斯，在盤子上排成圓弧狀。

2 在巧克力慕斯間，再擠幾朵鮮奶油點綴。

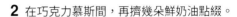

3 將3個法式小點心依序擺放在慕斯上。

4 將蜂巢糖塊及對半切的燈籠果散放於慕斯上，最後再以薄荷葉點綴，並在側邊淋上糖漿。

食譜請見第224頁

餐點—甜點

193

巧克力小管

佐黑醋栗甘納許

2 離凝膠稍遠處，將可可粉過篩，排成一條平行線。

1 將1小匙芒果凝膠放在盤中，以鋸齒刮板抹開。

4 擠花袋裝上花嘴，將甘納許（Ganache）擠到餅乾上，再用另一個擠花袋擠出芒果凝膠裝飾餅乾，並以少許薄荷葉點綴。最後在巧克力小管旁以餅乾丁及芒果丁交錯擺置。

3 將巧克力小管放置在凝膠與可可粉之間。將巧克力餅乾裁成能放進小管之大小，並用鑷子將其放置於小管間。

餐點｜甜點

食譜請見第225頁

檸檬凝乳馬卡龍

佐香草冰淇淋

1 取2個馬卡龍餅殼，夾入1大匙檸檬凝乳.做成馬卡龍。將壓出來的圓形冰淇淋放在盤中稍微偏離中心處，再把馬卡龍放在冰淇淋上一側。

2 以小湯匙將蜂花粉（bee bread）散置於冰淇淋上。

3 取一小型尖嘴擠壓瓶，將冰淇淋的少許蜂巢格子以蜂蜜填滿。

4 將迷你蛋白霜餅散放在冰淇淋上，在盤子留白處擺上幾個巧克力隕石片，也可斜放一片於馬卡龍一側，再滴上幾滴蜂蜜。最後再以微型菜苗點綴於馬卡龍上。

食譜請見第225頁

餐點—甜點

檸檬凝乳馬卡龍

佐檸檬慕斯

2 在盤子右上方將可可粉過篩鋪成1個小圈。將巧克力圓球放在可可粉上，再灑些過篩可可粉於圓球上。

1 使用料理刷，以融化的巧克力在盤子上刷出一條S型的寬幅線條。

3 使用擠花袋將慕斯填進巧克力圓球。

4 取2個馬卡龍餅殼，夾入1大匙檸檬凝乳做成馬卡龍；將馬卡龍置於盤上，1條巧克力細絲環斜靠在圓球上。使用擠花袋，在盤面上擠幾朵醋栗凝膠。最後再以糖漬醋栗、捏碎的蛋白霜及微型菜苗嫩葉點綴盤面。

食譜請見第226頁

餐點｜甜點

199

檸檬凝乳馬卡龍

佐芒果凝膠

2 在每朵凝乳上，斜放1個馬卡龍餅殼。

1 使用擠花袋，在盤子上擠3朵檸檬凝乳。

4 將3顆冷凍覆盆子擺在馬卡龍旁，芒果凝膠以擠花袋點在盤子上，使凝乳及馬卡龍的排列呈一半圓狀。最後再將少許薄荷葉點綴在芒果凝膠之間。

3 在凝乳前各灑一些白巧克力碎粒，再擠1小朵覆盆子凝膠。

食譜請見第226頁

餐點｜甜點

紅果凍

佐帕帕納西[★]

2 將盤子小心豎直，讓紅果凍往下流，形成想
要的形狀後，就將盤子放平。

1 使用湯匙將大小不一的紅果凍凝膠（不含水
果）點在盤子上。

4 在紅果凍上方擺上3顆帕帕納西（Papanași），
每顆中間使用擠花袋擠入香緹鮮奶油，並以薄
荷葉點綴。最後在紅果凍上擺上新鮮漿果。

3 將紅果凍以湯匙放置在醬汁長條上。

★ 譯註：帕帕納西為盛行於羅馬尼亞及摩爾多瓦的油炸麵粉甜點。

食譜請見第226頁

餐點｜甜點

epte

食譜

開胃菜

迷你凱薩沙拉
置於帕瑪森起司編籃

◎ 12份　　🕐 30 分鐘　　📖 第88頁

6顆鵪鶉蛋
少許白酒醋
2片吐司
1小匙味道中性的植物油
鹽巴
1瓣蒜頭／剝皮
2小匙檸檬汁
½小匙中辣芥末醬
1顆蛋
3大匙橄欖油

微量蜂蜜
25克帕瑪森起司／刨絲
胡椒

擺盤材料
12個帕瑪森起司編籃／頁63
2把蘿蔓萵苣及紫葉菊苣／清
　洗完畢並撕成大塊
黑色海鹽
微型菜苗嫩葉

做法

1　鵪鶉蛋放進鍋子加入冷水及白酒醋，以中小火煮開，沸騰後馬上熄火。將蛋放入冷水中待涼，再將殼小心剝去後對半切。

2　吐司以擀麵棍擀成薄片，以直徑約2公分的圓形壓模壓出約12片圓形吐司片，用植物油煎成金黃色，取出放在廚房紙巾上吸去過多的油脂，並灑上少許鹽巴。

3　將蒜頭、檸檬汁、芥末醬、蛋、橄欖油、蜂蜜、帕瑪森起司及約50毫升的水放入攪拌杯中高速攪拌，直到醬汁呈乳白濃稠狀。以鹽巴及胡椒調味，若太過濃稠，可再加水稀釋。

鮪魚韃靼
置於餛飩皮脆餅筒

◎ 12份　　🕐 30 分鐘　　❄ 2小時　　📖 第90頁

200克鮪魚★／切成細丁
2大匙醬油
1根青蔥／切成蔥花
5克香菜／切碎
1大匙芝麻油
1小匙薑／切碎末
¼ 小匙辣椒末／可省略

鹽巴
2大匙夏威夷豆／切碎

擺盤材料
12個餛飩皮脆餅筒／頁231
2大匙鱒魚卵
炸米粉／頁229

做法

將所有食材混和在碗中，調味，蓋上保鮮膜放入冰箱冷藏1–2小時。

★ 請使用生魚片等級的新鮮鮪魚。

雞柳條
沾夏威夷豆碎粒佐芒果蒜泥美乃滋

◎ 4份　　🕐 30 分鐘　　📖 第92頁

2片雞胸肉
鹽巴
胡椒
200克夏威夷豆／切碎
160克日式麵包粉（Panko）
3大匙德制405型麵粉
2顆蛋／打散
葵花油／煎雞柳用

1大匙橄欖油
1小匙白酒醋
2把野菜沙拉

擺盤材料
芒果蒜泥美乃滋／頁233
1顆紅椒／切成細長條
4個小玻璃杯
4枝長竹籤

做法

1　雞胸肉切成長條，在每一面灑上少許鹽巴及胡椒。將夏威夷豆及日式麵包粉在盤中混和均勻。雞胸肉先沾麵粉，再放進蛋液中，取出後再沾上夏威夷豆及日式麵包粉，放進鍋中加葵花油以中火煎至金黃色，取出後放在廚房紙巾上吸去多餘的油脂。

2　將油、醋、胡椒攪拌均勻，拌入沙拉中，待其入味。

牛肝菌菇起司串

加燈籠果蔓越莓與核桃

◎ 12份　🕐 10 分鐘　📖 第94頁

350克牛肝菌菇起司
12顆燈籠果

擺盤材料
12隻甜點叉
12粒蔓越莓乾

4個一半的核桃仁／烘炒過
　　並大致搗碎
1大匙液態蜂蜜

做法

1 將牛肝菌菇起司切成12個約莫2×2公分的方丁。
2 燈籠果兩邊切去，僅留約1公分厚的果肉，與葉子相連。

迷你塔可

裹雞柳佐莎莎醬與酪梨醬

◎ 12份　🕐 45 分鐘　📖 第96頁

塔可食材
¼顆洋蔥／剝皮
1瓣蒜頭／剝皮
鹽巴
400克雞胸肉
3張軟麵粉薄餅皮
2大匙奶油／融化

莎莎醬食材
3大匙橄欖油
3小匙番茄糊
1瓣蒜頭／剝皮
¼顆紅色甜椒／大致切碎
1小顆番茄／大致切碎
1小根紅辣椒／大致切碎
1小撮糖
胡椒
鹽巴
少許檸檬汁

酪梨醬食材
½顆酪梨
1大匙酸奶油
½小匙檸檬汁
鹽巴

擺盤材料
12個烈酒杯
1大匙青檸汁
粗海鹽／稍微磨碎
200毫升龍舌蘭／可以青檸果
　　漿代替
3片青檸／每片¼大小
6顆檸檬／縱向對半切開
4大匙酸奶油
50克高達起司／刨絲
1大匙香菜／以手摘成小片

做法

1 將鍋中的水以中小火煮至沸騰，放入洋蔥及蒜頭，以鹽調味。雞胸肉放進滾水中，繼續以中小火煮15-20分鐘，直到煮熟。取出雞肉放涼，用兩隻叉子將雞肉撕成小塊。
2 烤箱預熱至190度（上下火），麵粉薄餅皮兩面刷奶油，用一圓型壓模壓出12個直徑約6公分大的圓圈。瑪芬烤盤倒扣，將圓圈麵粉放在2個瑪芬模的中間，使其彎曲呈迷你塔可餅形狀，送進烤箱烤約5-8分鐘，直至薄餅變成金黃色，期間須多留意，以免烤焦。
3 將橄欖油、番茄糊、蒜頭、甜椒、番茄、辣椒和糖放入攪拌杯中，以手持攪拌棒攪打至食材僅剩碎粒，再以胡椒、鹽巴及檸檬汁調味，莎莎醬就完成了。
4 將雞肉拌進莎莎醬中，稍微加熱一下。
5 將酪梨與酸奶油及檸檬汁攪打成泥狀，以鹽巴調味，酪梨醬就完成了。把酪梨醬裝進擠花袋中備用。

豌豆冷湯

裝在玻璃試管

◎ 12份　🕐 10 分鐘　❄ 1小時　📖 第98頁

100克青蔥
鹽巴
500克豌豆
20毫升橄欖油
2枝薄荷
150克白脫牛奶
　　（buttermilk）
200毫升水

擺盤材料
12支玻璃試管（容量35毫升）
1大匙奶油起司
藜麥爆米花／頁228，½分量
12根豌豆苗

做法

青蔥切成蔥花，放進鹽水汆燙30秒，取出沖冷水。豌豆也在鹽水中汆燙約1分鐘，再沖冷水。將蔥花、豌豆、橄欖油、薄荷葉、白脫牛奶及水一起打成平滑的濃湯，以鹽巴調味，過篩後放涼。

醃製鮭魚

甜菜根捲

◎ 12份　🥄 30 分鐘＋48小時　📖 第100頁

1小匙白胡椒粒
鹽巴
50克糖
400克帶皮鮭魚片
3大匙琴酒
1把蒔蘿／切碎
1顆甜菜根
150克奶油起司
2大匙辣根奶油醬
胡椒

擺盤材料
12片圓形黑麥麵包／直徑約
　4公分
12支迷你洗衣夾
醃漬芥末籽／頁227
2大匙山葵醬
12小根蒔蘿尖
黑色海鹽

做法

1　將胡椒粒放進研磨缽大致搗碎，與50克糖與鹽巴混和。鮭魚片洗好並擦乾，若發現魚刺可用鑷子拔除。魚片兩面抹上琴酒，均勻抹上鹽巴、糖與胡椒的混和粉末後放進盤中。將蒔蘿放在魚片上，用保鮮膜覆蓋，再以木砧板或罐頭等重物壓住，放進冰箱至少冰1天（最好2天），期間拿出來翻面1–2次。

2　將醃好的鮭魚從冰箱取出，以冷水沖洗，擦乾後用銳利的刀子去皮，再將無皮的魚片切成長方塊（約4×2×2公分）。

3　甜菜根在微滾的鹽水中煮約30分鐘（可視甜菜根大小調整時間），煮好後取出放涼，削皮後用切片器切成薄片，再用壓模壓成12片直徑4公分大的圓形薄片。

4　將奶油起司與辣根奶油醬混和調勻，再以鹽巴與胡椒調味。

芒果西班牙冷湯

佐麵包脆片

◎ 4份　🥄 20 分鐘　❄ 2小時　📖 第102頁

1½顆芒果／約略切丁
300毫升柳橙汁
3大匙橄欖油
½根大黃瓜／削皮去籽並
　切成方丁
½顆黃色甜椒／去籽並
　切成方丁
1根青蔥／切成蔥花
½瓣蒜頭／切小丁
3大匙青檸汁
1片吐司／烤過
鹽巴

胡椒
½顆酪梨
1大匙酸奶油
½小匙檸檬汁

擺盤材料
4根黑色吸管
4個小玻璃瓶（容量250毫升）
4大片麵包脆片／頁231
2大匙法式酸奶油
6個黑橄欖乾／切成小塊
花瓣
微型菜苗嫩葉

做法

1　將芒果、柳橙汁、橄欖油、大黃瓜、甜椒、青蔥、蒜頭、青檸汁及吐司放進果汁機中打成滑順的泥，以鹽巴及胡椒調味，放進冰箱冷藏約2小時。

2　將酪梨、酸奶油及檸檬汁打成泥，再以鹽巴調味。

鮮蝦檸檬漬

置於木薯脆餅上

◎ 12份　🥄 30 分鐘＋4小時　📖 第104頁

200克生蝦★／切成一口大小
1根青蔥／切成蔥花
1大匙紅色甜椒／切小丁
1大匙青檸汁
1大匙柳橙汁
½小匙植物油
鹽巴
1顆芒果／切小丁

½小匙黑芝麻
1顆酪梨／切丁
1大匙青檸汁

擺盤材料
12片木薯脆餅／頁65
2大匙鱒魚卵
微型菜苗嫩葉

做法

1　將蝦子、蔥花、甜椒及青檸汁在碗中混和，靜置10分鐘。加入柳橙汁與植物油混和均勻，以鹽巴調味。放進冰箱，上菜前加入芒果及芝麻，小心混和攪拌。

2　將酪梨與青檸汁打成泥，加鹽巴調味，放進冰箱。

★ 最好是已處理好的蝦子。

前 菜

牛肉韃靼
置於麵包脆片上

◎ 4人份　　🕐 60 分鐘　　📖 第108頁

400克牛肉／
　例如菲力或沙朗
2顆蛋黃
1大匙中辣芥末醬
3顆紅蔥／切細丁
6克細香蔥／切成蔥花
鹽巴
胡椒

擺盤材料
4大片麵包脆片／頁231
芥末醬／頁238
黑色墨魚汁美乃滋／頁235
1把綠捲鬚萵苣／只取綠色尖
　端，撕成小塊
2顆櫻桃蘿蔔／切薄片
2大匙刺山柑花蕾
4片炸蓮藕脆片／頁229

做法
將牛肉放入冷凍庫約30分鐘結凍，取出後用一把鋒利的刀子先切成薄片，再切成條狀，後剁成小丁。加入蛋黃、芥末醬、紅蔥及蔥花混和，最後再以鹽巴與胡椒調味。

牛肉韃靼
佐鵪鶉蛋

◎ 4人份　　🕐 90 分鐘　　📖 第110頁

6顆鵪鶉蛋
白酒醋少許
400克牛肉／
　例如菲力或沙朗
2顆蛋黃
1大匙中辣芥末醬
3顆紅蔥／切碎
6克細香蔥／切成蔥花
鹽巴
胡椒

擺盤材料
芥末醬／頁238
4片帕瑪森起司脆餅／頁63，
　掰成小塊
12顆刺山柑果實／若太大就
　對半切
炸紅蔥圈／頁230
1把綠捲鬚萵苣／只取綠色尖
　端，撕成小塊
醃漬芥末籽／頁227

做法
1　鵪鶉蛋放入鍋中，以冷水及白酒醋覆蓋，中小火煮開後立即熄火，鵪鶉蛋以冷水沖涼，小心剝殼並對半切。
2　將牛肉放入冷凍庫約30分鐘結凍，取出後用一把鋒利的刀子先切成薄片，再切成條狀，後剁成小丁。加入蛋黃、芥末醬、紅蔥及蔥花混和，最後再以鹽巴與胡椒調味。

牛肉韃靼
佐芥末醬

◎ 4人份　　🕐 60 分鐘　　📖 第112頁

100克中辣芥末醬
2大匙酸奶油
400克牛肉／
　例如菲力或沙朗

擺盤材料
½顆紅洋蔥／切碎
炸刺山柑花蕾／頁229
5克細香蔥／切成蔥花
4顆蛋黃

做法
1　將芥末醬與酸奶攪拌均勻。
2　將牛肉放入冷凍庫約30分鐘結凍，取出後用一把鋒利的刀子先切成薄片，再切成條狀，後剁成小丁。加入蛋黃、芥末、紅蔥及蔥花混和，最後再以鹽巴與胡椒調味。

花椰菜
四種質地

◎ 4人份　　🕐 90 分鐘　　❄ 2小時　　📖 第114頁

1顆花椰菜
1大匙麵粉
鹽巴
胡椒
1大匙植物油＋油炸用油
黑色食用色素（粉末）

擺盤材料
石榴凝膠／頁236
花椰菜泥／頁236
薄荷油／頁242
½顆石榴果粒
1手掌分量的核桃仁／烘炒過
　並大致搗碎
微型菜苗嫩葉（例如紫蘇）

做法
1　將一半花椰菜切成小朵花，並放進混和均勻的麵粉、鹽巴及胡椒中，兩面沾上粉末。將1大匙植物油燒熱，將沾著麵粉的小朵花椰菜煎軟並呈金黃色。
2　另一半花椰菜用蔬果切片器切成薄片，將一部分放置一旁備用。1大匙油在鍋中加熱至160度，將花椰菜薄片炸成金黃色的脆片，再以廚房紙巾吸去多餘的油脂，最後灑點鹽。
3　12片炸花椰菜脆片以黑色食用色素（粉末）染色。

馬賽魚湯
佐番紅花清湯

◎ 4人份　🍳 3小時　📖 第116頁

120克帕馬火腿
½根西洋芹／切小片
½根胡蘿蔔／切丁
½顆洋蔥／切碎
1瓣蒜頭／切丁
1片月桂葉
2小枝百里香
0.25克番紅花
½顆紅色甜椒
味道中性的植物油
200克處理完畢的蛤蜊
1瓣蒜頭／剁成蒜末
250克蔬菜高湯

4隻鮮蝦
胡椒
鹽巴
1片帶皮紅娘魚片
1小匙麵粉

擺盤材料
2大匙墨魚汁
炸馬鈴薯細麵／頁229，
　　½分量
羽衣甘藍脆片／頁230，
　　¼分量
4根豌豆苗

做法

1　火腿、西洋芹、胡蘿蔔、洋蔥、蒜頭、月桂葉及百里香放進1公升的水中煮開後，轉小火燜煮約2小時。期間撈掉泡沫，之後過濾高湯倒進鍋中，加入番紅花再以低溫燜煮約20分鐘。

2　甜椒切塊，以½小匙油燒熱翻炒，直至變軟、變脆。

3　蛤蜊在冷水下刷洗，若殼已開直接丟棄。1小匙蒜末在平底鍋中用熱油爆香，倒進高湯煮滾，再放入蛤蜊，並馬上蓋上鍋蓋。中小火煮約3分鐘，直至蛤蜊開殼。取出蛤蜊，未開殼直接丟棄，其餘保溫備用。

4　蝦清洗好並除去腸泥，以1大匙熱油煎熟，灑上少許胡椒與鹽巴，保溫備用。

5　清洗魚片，擦乾，切成4塊。雙面抹鹽、胡椒以及少許麵粉。將帶皮的那一面朝下放進鍋中，以熱油煎至魚皮酥脆，期間不時用鍋鏟稍微壓一下魚片，防止其捲起。等魚片熟至厚度的三分之二後（原本透明的魚肉側邊變成白色）便可翻面，用餘溫等魚全熟，放置備用並保溫。

卡布里沙拉
佐自製烘烤番茄醬

◎ 4人份　🍳 2小時　📖 第118頁

番茄醬食材
300克番茄
鹽巴
胡椒
1小匙糖
50毫升橄欖油
1瓣蒜頭／切丁
70克吐司／去邊，切丁
60克松子仁／烘炒過
番茄乾
300克櫻桃番茄
1大匙橄欖油
鹽巴
胡椒

擺盤材料
帕瑪森起司醬／頁237
不同顏色的甜菜根脆片，每
　　種顏色½顆／頁230，請見
　　蔬菜脆片
200克迷你莫扎瑞拉起司
1把茗蓬菜葉
橄欖碎石土／頁228
羅勒薄荷青醬／頁236，
　　½分量
巴薩米可醋魚子醬／頁227

做法

1　烤箱預熱至150度（上下火）。番茄切丁，以鹽巴、胡椒與糖調味，再加一小匙橄欖油，拌入蒜頭，送進烤箱烘烤約30分鐘。用平底鍋翻炒麵包丁，與松子仁一起放進烘烤後的番茄中，再加入剩下的橄欖油打成泥，以鹽巴和胡椒調味，放涼待用。

2　烤箱預熱至180度（熱風循環），櫻桃番茄切半，放進能進烤箱的容器裡，淋上橄欖油，以鹽巴及胡椒稍微調味，在烤箱中烘烤約40分鐘直到變乾為止，期間不時打開烤箱門，讓水氣溢出。放涼待用。

卡布里沙拉
佐羅勒薄荷青醬

◎ 4人份　🥄 60 分鐘　📖 第120頁

2顆番茄／切片
4顆櫻桃番茄／切片
4顆櫻桃蘿蔔／刨成薄片
1小顆甜菜根／削皮，刨成
　薄片
1小顆環紋甜菜根／削皮，
　刨成薄片
½顆紅洋蔥／切成圈
200克莫扎瑞拉起司

100克迷你莫扎瑞拉起司
羅勒薄荷青醬／頁236，
　½分量
巴薩米可醋魚子醬／頁227
5克蒔蘿
2大匙酸奶油
羅勒油／頁242，½分量
胡椒

卡布里沙拉千層酥

◎ 4人份　🥄 80 分鐘　📖 第122頁

60克奶油
2片薄葉派皮
2大匙白酒醋
6大匙橄欖油
1小匙糖
1小匙芥末醬
鹽巴
胡椒

500克各種顏色的小番茄
　（紅色、黃色、橘色）

擺盤材料
2顆布拉塔起司
巴薩米可醋魚子醬／頁227
½把羅勒
1把綠捲鬚萵苣

做法

1 烤箱預熱至190度（上下火）。奶油放入鍋中以小火加熱融化，薄葉派皮放在鋪好烘焙紙的烤盤上，剪成8公分平方的正方形。刷上融化的奶油，放進烤箱烤2–3分鐘，變得酥脆並呈金黃色後取出，放涼待用。

2 醋、橄欖油、糖、芥末醬、鹽巴與胡椒放進盆中，攪拌成沙拉醬。

3 小番茄洗乾淨，放乾，去掉蒂頭，以鋒利的刀在底部畫十字。放進滾水中汆燙10秒，取出立即沖冷水。撕去番茄皮，對半切開後放進沙拉醬中醃漬30分鐘。（取出後保留醬汁。）

熱狗2.0版
佐炸洋蔥酥

◎ 4人份　🥄 30 分鐘　📖 第124頁

2大匙木薯粉圓
2根酸黃瓜／切小丁
1-2大匙酸黃瓜汁
4根法蘭克福香腸

擺盤材料
炸洋蔥酥／頁231
3大匙中辣芥末醬
2大匙辣根／新鮮現磨
2大匙番茄醬
辣椒絲

做法

1 木薯粉圓與水放進鍋中煮開，以中小火滾約15分鐘，直到粉圓除了中心一小點之外全都變成透明。將煮好的粉圓倒在濾網上，用冷水沖過。

2 拿一個小碗將木薯粉圓、酸黃瓜及酸黃瓜汁小心攪拌混和。

3 將一鍋水以中火煮至沸騰，移開降溫，法蘭克福香腸放進鍋中悶約10分鐘（不開火）。

朝聖扇貝
佐豌豆泥

◎ 4人份　🥄 25 分鐘　📖 第126頁

4顆朝聖扇貝
鹽巴
1½大匙味道中性的植物油
80克海蘆筍
½小匙檸檬汁

擺盤材料
4個朝聖扇貝殼
豌豆泥／頁236
1大匙鱘魚卵
黑色海鹽

做法

1 將朝聖扇貝放在廚房紙巾上吸乾水分，雙面抹上少許鹽巴。1大匙植物油以中小火在平底鍋中燒熱，放進扇貝肉，兩面各煎約2-3分鐘，看到表面已經縮緊、但內部仍然有些透明，即可起鍋。

2 剩下的植物油放進平底鍋中慢慢加熱，放進海蘆筍煎幾分鐘，再以檸檬汁調味。

朝聖扇貝
佐味噌美乃滋

◎ 4人份　🍳 40 分鐘　📖 第128頁

4顆朝聖扇貝
鹽巴
1大匙植物油
40克西班牙chorizo臘腸

擺盤材料
味噌美乃滋／頁234
豌豆泥／頁236

杜蘭小麥片磚／頁61
焦脆紅蔥瓣／頁232，½分量
1大匙鱈魚卵
微型菜苗嫩葉（例如紅酸模嫩葉）
黑色海鹽
黑麥麵包碎石土／頁228

做法
1　將朝聖扇貝肉放在廚房紙巾上吸乾水分，雙面抹上少許鹽巴。1大匙植物油以中小火在平底鍋中燒熱，放進扇貝肉，兩面各煎約2–3分鐘，看到表面縮緊、但內部仍然有些透明，即可起鍋。
2　西班牙chorizo臘腸切成2公釐的薄片，放進另一個平底鍋不加油以中小火乾煎，取出放在廚房紙巾上瀝乾，待涼後切成長條狀。

朝聖扇貝
置於細粉上

◎ 4人份　🍳 70 分鐘　📖 第130頁

12顆朝聖扇貝
鹽巴
1大匙植物油
30克西班牙chorizo臘腸

擺盤材料
黑色食用色素（粉末）

豌豆泥／頁236，雙倍分量
杜蘭小麥片磚／頁61，½分量
焦脆紅蔥瓣／頁232，½分量
微型菜苗嫩葉（例如紅酸模嫩葉）
1大匙鱈魚卵

做法
1　朝聖扇貝肉瀝乾，雙面抹上少許鹽巴。1大匙植物油以中小火在平底鍋中燒熱，放進扇貝肉，兩面各煎約2–3分鐘，看到表面縮緊，但內部仍然有些透明，即可起鍋。
2　西班牙chorizo臘腸切成1公分立方的小方丁，放進平底鍋以中小火稍微煎一下，取出放在廚房紙巾上吸去多餘的油脂。

雞肝慕斯
佐蔓越莓凝膠

◎ 4人份　🍳 60 分鐘　❄ 4–6小時　📖 第132頁

40克奶油
2片薄葉派皮
250克雞肝
1人匙無水奶油
50毫升波特酒
125克奶油
鹽巴
胡椒
75克液態鮮奶油

擺盤材料
蔓越莓凝膠／頁236
1手掌分量的糖漬蔓越莓／罐頭
開心果焦糖片／頁73
2顆櫻桃蘿蔔／刨薄片
微型菜苗嫩葉（例如紫蘇）

做法
1　烤箱預熱至190度（上下火），奶油放一鍋中融化。薄葉派皮壓出4個直徑約15公分的圓形薄皮，放在鋪好烘焙紙的烤盤中，抹上奶油，放進烤箱中烤約2–3分鐘呈金黃色，取出放涼。
2　雞肝以冷水沖洗，擦乾，以無水奶油高溫煎過，再用波特酒洗鍋收汁。加入融化的奶油以果汁機打成泥，用鹽巴及胡椒調味。放涼。打發鮮奶油加入雞肝泥中，將慕斯裝進擠花袋，放進冰箱冷藏約4–6小時。

南瓜湯
佐酥皮餅長條

◎ 4人份　🍳 45 分鐘　📖 第134頁

酥皮餅長條食材
50克奶油
1張酥皮麵皮

南瓜湯食材
1大匙奶油
1顆北海道南瓜／大致切塊
1顆洋蔥／切丁
1瓣蒜頭／切丁
550毫升蔬菜高湯
400毫升椰奶
300毫升柳橙汁

15克新鮮生薑／切丁
鹽巴
胡椒
糖

擺盤材料
100克山羊奶油起司／攪拌均勻
4大匙鱈魚卵
微型菜苗嫩葉
細香蔥油／頁243，½分量

做法

1 烤箱預熱至190度（上下火）。奶油放於鍋中以小火慢慢融化，酥皮麵皮裁成約15×2公分長條，並散放在鋪好烘焙紙的烤盤上，抹上奶油，送進烤箱烤2–3分鐘，麵皮變得酥脆並呈金黃色。取出靜置放涼。

2 煮湯時，先將奶油放進大鍋中，以中小火融化，再放進南瓜、洋蔥、蒜頭翻炒。倒入高湯、椰奶、柳橙汁，加入薑及一點鹽巴。煮開後，加蓋悶煮約20分鐘，打成泥，再以鹽巴、胡椒及糖調味。

南瓜湯
佐哈羅米起司

◎ 4人份　　🥄 45 分鐘　　📖 第136頁

1大匙奶油
1顆北海道南瓜／大致切塊
1顆洋蔥／切丁
1瓣蒜頭／切丁
550毫升蔬菜高湯
400毫升椰奶
300毫升柳橙汁
15克新鮮生薑／切丁
鹽巴

胡椒
糖
200克哈羅米起司／大致切丁
2大匙植物油

擺盤材料
麵包丁／頁227
辣椒絲
2大匙細香蔥／切蔥花

做法

1 煮湯時，先將奶油放進大鍋中，以中小火融化，再放進南瓜、洋蔥、蒜頭翻炒。倒入高湯、椰奶、柳橙汁，加入薑及一點鹽巴。煮開後，加蓋悶煮約20分鐘，打成泥，再以鹽巴、胡椒及糖調味。

2 哈羅米起司丁進油鍋以高溫煎得酥脆，且每一面皆呈金黃色。取出放在廚房紙巾上吸去多餘的油脂，至擺盤前皆放置保溫。

章魚沙拉
地中海風味

◎ 4人份　　🥄 90 分鐘　　📖 第138頁

1隻處理完畢的章魚／
　已退冰的冷凍章魚
4大匙紅酒醋
2瓣蒜頭／切半
1根胡蘿蔔／切塊
3小枝百里香
1片月桂葉
4粒黑胡椒粒
鹽巴
300克小蠟質馬鈴薯
250克櫻桃番茄

1大匙橄欖油
鹽巴
胡椒
100克西班牙chorizo臘腸

擺盤材料
4個洗乾淨的魚罐頭
24顆黑橄欖／去核
12顆刺山柑果實
西班牙chorizo臘腸美乃滋／
　頁233
微型菜苗嫩葉

做法

1 用刀將章魚眼睛周圍清除乾淨。再用手指將嘴巴（這是咀嚼工具，在底部的孔裡）擠壓出來。

2 取一大鍋將水煮至沸騰，關火等水降至稍低於沸點時，將醋、蒜頭、胡蘿蔔、百里香、月桂葉、胡椒粒，及1小匙鹽巴放入水中。將章魚抓到鍋子上方，僅讓觸手伸進水裡。觸手一旦開始捲曲，立即提起離開水面。如此重複2次，直到觸手完全捲曲。再把整隻章魚放進水中，煮約1小時（時間須視章魚大小調整），直到能輕易持刀切開最粗的觸手，章魚就算熟了。取出章魚後稍微放涼，將觸手切成大塊。

3 在等待章魚煮熟的期間，將馬鈴薯放進鹽水中煮約10分鐘，取出後不必削皮直接對半切。

4 烤箱預熱至180度（上下火），將櫻桃番茄（不去蒂頭）放入烤盤，淋上油，灑鹽巴與胡椒，放進烤箱烤約25分鐘。取出後稍微放涼備用。

5 西班牙chorizo臘腸切成1–2公分的厚片，放進平底鍋中不加油以中小火乾煎約5分鐘關火。再將章魚觸手及馬鈴薯加入平底鍋中翻炒，以鹽巴及胡椒調味。

火雞胸肉紫葉菊苣沙拉
佐香橙

◎ 4人份　🥄 100分鐘　📖 第140頁

1顆甜菜根　　　　　　　**擺盤材料**
2小匙橄欖油　　　　　　1顆紫葉菊苣
鹽巴　　　　　　　　　　1顆紅洋蔥／切片
胡椒　　　　　　　　　　2顆柳橙／切厚片
1小枝百里香　　　　　　1把嫩菠菜
1小枝迷迭香　　　　　　微型菜苗嫩葉
2片雞胸肉
2大匙核桃油
1小匙檸檬汁

做法

1　烤箱預熱至190度（上下火），甜菜根放在鋪有烘焙紙的烤盤上，淋上1小匙橄欖油，灑鹽巴及胡椒，送進烤箱烤約1小時，至甜菜變軟（可視甜菜根大小調整時間）。取出後放涼，削皮，再以蔬果切片器切薄片。

2　將烤箱溫度調高至200度。將百里香及迷迭香洗淨瀝乾剁碎，並與剩下的橄欖油以及鹽巴與胡椒混和待用。清洗雞胸肉，擦乾，並抹上與香草混和過的橄欖油，放在鋪有烘焙紙的烤盤上，送進烤箱中層烤約20–25分鐘。取出烤熟的雞胸肉靜置放涼，再用切肉機切成薄片。

3　將胡桃油及檸檬汁攪拌混和，以鹽巴及胡椒調味，沙拉醬便完成了。

鮪魚醬小牛肉
佐蘆筍

◎ 4人份　🥄 3小時　📖 第142頁

900克小牛肉，頭刀或　　鹽巴
　後腿股肉★　　　　　　胡椒
4大匙橄欖油　　　　　　1束迷你蘆筍
4小枝百里香　　　　　　1大匙植物油
1個蛋黃
1小匙芥末醬　　　　　　**擺盤材料**
150毫升菜籽油　　　　　40克新鮮鮪魚☆／大致切塊
1罐鮪魚罐頭／瀝乾　　　12顆刺山柑果實
8粒刺山柑花蕾　　　　　微型菜苗嫩葉

做法

1　將肉及2大匙橄欖油與百里香放進真空袋中包好，再放入62度的熱水中浸泡悶煮2.5小時，直到肉的中心溫度也達到62度為止。取出後放涼，從袋子中拿出牛肉，並以切肉機切成薄片。

2　鮪魚醬的做法是將蛋黃及芥末放在瘦高的攪拌杯中，以攪拌器攪拌時漸次加入菜籽油。若覺得太乾，可加入1大匙水一起攪拌。再放入瀝乾的鮪魚及刺山柑果實，一起打成泥，再以鹽巴及胡椒調味。

3　蘆筍以熱油煎幾分鐘，直到變軟且顏色晶亮，灑上少許鹽巴。

★ 譯註：俗稱和尚頭。
☆ 請使用生魚片等級的新鮮鮪魚。

主菜

香嫩鴨胸肉
佐根芹菜泥

◎ 4人份　⏱ 2小時　📖 第146頁

醬料食材
1大匙味道中性的植物油
1根胡蘿蔔／大致切塊
40克紅蔥／切丁
1瓣蒜頭／搗碎
1小枝百里香
100毫升乾型紅酒
70毫升波特酒
五香粉
700毫升小牛高湯
鹽巴
胡椒

馬鈴薯食材
4大顆蠟質馬鈴薯／削皮
50克奶油
350克雞高湯

鴨胸肉食材
2片鴨胸肉
鹽巴

蔬菜食材
50克奶油
150克金針菇
1根胡蘿蔔／以刨刀刨成
　　長條形
1株小白菜／洗淨並一葉葉
　　分開

擺盤材料
根芹菜泥／頁238
孜然泡沫／頁243

做法

1. 醬汁的做法是將油燒熱，胡蘿蔔、紅蔥及蒜頭炒到微焦，加入百里香、紅酒及波特酒煮至濃稠狀。再加入少許五香粉及小牛高湯繼續烹煮，直到醬汁只剩約1/4的量。熬煮期間須不時撈去泡沫，最後將剩下的醬汁過篩，再倒回鍋中，以鹽巴、胡椒和五香粉調味。若醬汁太水，可將1小匙馬鈴薯澱粉（日本太白粉）用2大匙水化開攪入醬汁中，一邊攪拌一邊再次加熱沸騰。直到上桌前，醬汁須保溫。

2. 烤箱預熱至180度（上下火）。將馬鈴薯兩邊圓角切去，取一直徑約2公分寬的長筒形壓模，每個馬鈴薯壓出3條圓柱。取一半奶油在平底鍋中燒熱，將馬鈴薯圓柱煎成金黃色，倒入雞高湯煮至沸騰，再放進烤箱烤約20分鐘。最後從高湯中取出馬鈴薯條，放在烤箱中保溫。（烤箱不要關掉。）

3. 鴨胸肉洗淨瀝乾，在皮上交叉畫幾刀，小心不要切到肉，兩邊抹上少許鹽巴，帶皮的那面朝下，放進能直接

送進烤箱的平底鍋中。中小火慢煎，直到鴨皮變成金黃色後翻面，送進180度的烤箱裡烤約12分鐘，直到鴨肉的中心溫度達到62度（已熟，但肉仍微帶粉紅色）。將肉取出，用鋁箔紙稍微蓋住，靜置8分鐘。上桌前各切成長寬約4公分的方塊。

4. 在鴨胸肉放進烤箱時，將剩餘的奶油放在鍋中以中小火融化，再放入金針菇及胡蘿蔔翻炒，快好時再放進小白菜，起鍋後放在廚房紙巾上瀝乾。

鱈魚
佐琴通寧泡沫

◎ 4人份　⏱ 80分鐘　📖 第148頁

醬料食材
1小匙橄欖油
1顆紅洋蔥／切碎
2瓣蒜頭／切末
1顆紅色甜椒／切丁
1顆黃色甜椒／切丁
800克番茄罐頭／連汁，切塊
2大匙番茄糊
1小匙檸檬汁
14顆櫻桃番茄／切半
鹽巴
胡椒
糖

鱈魚食材
1大匙味道中性的植物油
1大匙奶油
4片帶皮鱈魚片
鹽巴

擺盤材料
歐芹油／頁243
炸馬鈴薯細麵／頁229
琴通寧泡沫／頁243
4根豌豆苗

做法

1. 醬料的做法是先將橄欖油放進平底鍋中燒熱，放入洋蔥、蒜頭及甜椒，稍微翻炒約5–6分鐘，再加入番茄、番茄糊、檸檬汁及櫻桃番茄，一起煮約10分鐘，煮好後以鹽巴、胡椒及糖調味，放置保溫。

2. 烤箱預熱至180度（上下火），將油及奶油在能直接放進烤箱的鍋中以中小火加熱，魚排抹上少許鹽巴，將帶皮的那一面朝下放進油鍋。將魚皮煎得酥脆且呈金黃色，翻面再煎至金黃，後連魚帶鍋放進烤箱，再烤4–5分鐘即可。

義大利麵
佐腰果醬

◎ 4人份　🥄 4小時＋4小時　📖 第150頁

250克腰果仁
1瓣蒜頭／剁碎
2小匙玉米粉
400毫升蔬菜高湯
鹽巴
胡椒
300克義式細麵
300克櫻桃番茄／洗淨，切半

2大匙橄欖油
150克嫩菠菜

擺盤材料
100克帕瑪森起司／刨薄片
40克松子仁／烘炒過
胡椒／可省略

做法

1　腰果仁泡水4小時，使其軟化，取出後瀝乾。軟化後的腰果仁與蒜頭、玉米粉及蔬菜高湯打成濃稠滑順的醬汁，再以鹽巴與胡椒調味。

2　義式細麵放進沸騰的鹽水中煮到彈牙（al dente），撈起麵條（保留部分煮麵水備用），將腰果醬混進麵條中，放置保溫。

3　櫻桃番茄在鍋中不加油以中小火煎約2分鐘，再加入橄欖油，並降低溫度。加入4大匙煮麵水以及嫩菠菜，蓋上鍋蓋悶煮約1分鐘使菠菜變軟。最後以鹽巴及胡椒調味。

柯尼斯堡肉丸
佐甜菜根馬鈴薯泥

◎ 4人份　🥄 80分鐘　📖 第152頁

1顆隔夜小麵包／切片
2顆洋蔥／削皮
1大匙味道中性的植物油
500克絞肉（豬牛混和）
1小匙芥末醬
1顆蛋
鹽巴
胡椒
1公升雞高湯
1片月桂葉
5顆黑胡椒粒
12小顆粉質馬鈴薯／削皮
1顆甜菜根

醬料食材
3大匙奶油
3大匙德制405型麵粉
125克液態鮮奶油
1大匙檸檬汁
肉豆蔻
2大匙刺山柑花蕾／可省略

擺盤材料
甜菜根馬鈴薯泥／頁237
12顆刺山柑果實／切半
1大匙培根丁／煎至微焦
3小枝歐芹

做法

1　麵包放進水中軟化。1顆洋蔥切碎以油翻炒出水，直到變得半透明。將浸濕的麵包用手擠乾，與絞肉放進盆中，再加入芥末醬、蛋、鹽巴、胡椒及翻炒過的洋蔥，混和均勻。

2　雞高湯放入大鍋子，加入另一顆完整的洋蔥、月桂葉及胡椒粒煮至沸騰。手上沾水將肉泥捏成丸子，放進雞高湯中，以低溫悶煮約20分鐘。

3　將馬鈴薯削成橄欖球的形狀（即所謂的「tourner」），放進沸騰的鹽水中煮熟，取出後放置保溫。

4　甜菜根削皮，以螺旋蔬菜刨絲器刨出細螺旋長條，放入煮沸的鹽水中煮約5分鐘，取出後放置保溫。

5　醬料的做法是先將奶油置於鍋中以中小火融化，一邊攪拌一邊加入麵粉。在用力攪拌的狀況下，一點一點加入煮過的高湯，直到變成濃稠的醬汁。再煮約5分鐘，以鮮奶油、檸檬汁以及肉豆蔻調味（也可以拌入刺山柑花蕾）。將柯尼斯堡肉丸從高湯中取出，浸泡在醬汁中幾分鐘使其入味。

牛頰肉
佐番薯泥

○ 4人份　🍳 4小時 +24小時　📖 第154頁

4塊牛頰肉
400毫升乾型紅酒
300毫升波特紅酒
2片月桂葉
3顆丁香
2粒杜松子
3大匙味道中性的植物油
鹽巴
1根胡蘿蔔／大致切塊
1顆洋蔥／大致切丁
1大匙番茄糊
1小株百里香
2瓣蒜頭／壓碎
1根肉桂棒
600毫升小牛高湯
胡椒
10克黑巧克力（Zartbitter-schokolade）／可省略

4粒香菜籽
100毫升米醋
2小匙糖
2根西洋芹／切成4公分的長條
2小匙青檸汁
1大匙黃芥末籽
4顆櫻桃蘿蔔／刨成薄片
1大匙歐芹／切碎
1大匙橄欖油

擺盤材料
番薯泥／頁239
4片番薯脆片／請見蔬菜脆片，頁230
4片莙蓬菜葉

做法
1 為了使肉受熱均勻並能保持形狀，先將牛頰肉以料理繩綁好，放入混和好的紅酒、波特酒、月桂葉、丁香、杜松子中，放進冰箱至少醃製24小時（若醬料並未淹過整塊肉，就要不時拿出來翻面）。之後將牛頰肉從醃醬中取出並瀝乾。
2 烤箱預熱至180度（上下火）。取一深型大平底鍋將油燒熱，牛頰肉灑上少許鹽巴，放入鍋中煎至表面金黃後取出。將切好的蔬菜放進油鍋中翻炒，加入番茄糊後繼續翻炒，放入牛頰肉、百里香、蒜頭及肉桂棒，最後倒入500毫升醃汁及小牛高湯。蓋好鍋蓋放進烤箱中烤約3小時，直到牛肉軟嫩，但仍保持形狀。取出肉後除去料理繩並放置保溫，醬汁過篩倒進鍋中，以高溫煮成濃稠的醬汁，再以鹽巴、胡椒以及巧克力調味，放置保溫。
3 牛肉放進烤箱時，將香菜籽放進平底鍋不加油以中小火炒約30秒鐘，加入米醋及糖，不斷攪拌直至糖全部融化，關火並放涼。將西洋芹及青檸汁浸泡於其中，放進冰箱冷藏1小時。
4 芥末籽放進鍋中加水以小火加熱，悶煮2分鐘，取出後與櫻桃蘿蔔、歐芹、酸漬西洋芹、20毫升醃西洋芹的醬汁以及橄欖油在一鍋中攪拌混和，以鹽巴及胡椒調味。

瑞可達起司餃
佐甜菜根法式清湯

○ 4人份　🍳 2小時　📖 第156頁

起司餃食材
400克義大利00號通用麵粉／另加製作餃子時額外所需
2顆蛋
100毫升水
鹽巴
250克瑞可達起司
250克山羊奶油起司
150克番茄乾／油漬，瀝乾，切小塊
60克松子仁／烘炒過
胡椒

甜菜根法式清湯食材
1公升蔬菜高湯
400克新鮮甜菜根／削皮，切丁
1瓣蒜頭／壓碎
1根胡蘿蔔／削皮，切丁
1根西洋芹／切片
鹽巴

擺盤材料
4大匙法式酸奶
1把芝麻菜
胡椒／可省略

做法
1 將義大利00號通用麵粉、雞蛋、水及1/4小匙鹽巴混和，揉出光滑的麵團，用布蓋上醒30分鐘。
2 內餡做法是將瑞可達起司、山羊奶油起司、番茄乾及松子仁以手持攪拌器打成細滑泥狀，再以鹽巴加胡椒調味。
3 麵團最好以製麵機擀成薄麵皮，以直徑約8公分的圓形壓模壓出24張圓皮，每張皮中間放1匙餡料，邊緣抹水，再取一張圓皮覆蓋上去，並用叉子用力壓緊邊緣。以此工序做出12顆餃子。將做好的餃子放在鋪好烘焙紙及灑上麵粉的烤盤上，若不馬上下餃子，先用乾淨的布蓋住。
4 將甜菜根、蒜頭、胡蘿蔔及西洋芹與蔬菜高湯在一大鍋中煮至沸騰，關小火悶煮約1小時，直到甜菜根熟透。將高湯以鋪上棉布的濾網過濾成清湯，再倒回鍋中，以鹽巴調味。放置保溫。
5 另取一大鍋燒開鹽水，轉小火，讓水維持冒泡但不翻滾的溫度，放進餃子約3–5分鐘煮熟（餃子熟了會浮到水面）。用漏杓小心撈起餃子，瀝乾，放置保溫。

瑞可達起司餛飩
佐番茄醬

◎ 4人份　　🕐 2小時　　📖 第158頁

起司餛飩食材
400克義大利00號通用麵粉／
　另加製作餛飩時額外所需
2顆蛋
100毫升水
鹽巴
250克瑞可達起司
250克山羊奶油起司
150克番茄乾／油漬，瀝乾，
　切小塊
60克松子仁／烘炒過
胡椒
1顆蛋黃／打散

番茄醬食材
1大匙橄欖油
1顆洋蔥／切細丁
2瓣蒜頭／切碎
2大匙番茄糊
150毫升乾型白酒
鹽巴
胡椒
糖
乾辣椒片／可省略
800克番茄罐頭／切碎

擺盤材料
10克羅勒
40克松子仁／烘炒過
胡椒
1大匙橄欖油

做法
1　將義大利00號通用麵粉、雞蛋、水及1/4小匙鹽巴混和，揉出光滑的麵團，用布蓋上醒30分鐘。
2　餛飩餡做法是將瑞可達起司、山羊奶油起司、番茄乾及松子仁以手持攪拌棒打成泥，再以鹽巴加胡椒調味。
3　麵團最好以製麵機擀成薄麵皮，並切成4×4公分的方皮，餡料捏成直徑約1.5公分的圓團，放在麵皮中央。麵皮四邊刷蛋黃液，對折成三角形，邊緣捏緊，下方有餡的底部向上疊至三角形尖端，另兩端沾濕，繞著手指圍成圈並捏緊。若不馬上下水煮，先用乾淨的布蓋住。
4　橄欖油放進鍋中以中火加熱，翻炒洋蔥及蒜頭至半透明，加入番茄糊後轉大火快炒，再以白酒洗鍋收汁，以鹽巴、胡椒及糖調味，喜歡的話也可以加入乾辣椒片。再加進切碎的罐頭番茄，以小火悶煮約1小時，再次調味，番茄醬即成。
5　另取一大鍋燒開鹽水，轉小火，讓水維持冒泡但不翻滾的溫度，放進餛飩約2–2.5分鐘煮熟（餛飩熟了會浮到水面）。用漏杓小心撈起餛飩，瀝乾，放置保溫。

瑞可達起司餃
佐羅勒泡沫

◎ 4人份　　🕐 90分鐘　　📖 第160頁

起司餃食材
400克義大利00號通用麵粉／
　另加製作餃子時額外所需
2顆蛋
100毫升水
鹽巴
250克瑞可達起司
250克山羊奶油起司
150克番茄乾／油漬，瀝乾，
　切小塊
60克松子仁／烘炒過
胡椒

番茄醬食材
1大匙橄欖油
¼顆洋蔥／切碎
1瓣蒜頭／切碎
1大匙番茄糊
1小匙乾辣椒片

400毫升切碎的罐頭番茄
50毫升伏特加／可省略
鹽巴
胡椒
糖

醃漬番茄食材
2顆番茄
1大匙橄欖油
1小匙白酒醋
鹽巴
胡椒

擺盤材料
1把芝麻菜
羅勒泡沫／頁243
20克松子仁／烘炒過
微型菜苗嫩葉（例如紫蘇）

做法
1　將義大利00號通用麵粉、雞蛋、水及1/4小匙鹽巴混和，揉出光滑的麵團，用布蓋上醒30分鐘。
2　內餡做法是將瑞可達起司、山羊奶油起司、番茄乾及松子仁以手持攪拌棒打成細滑泥狀，再以鹽巴加胡椒調味。
3　麵團最好以製麵機擀成薄麵皮，以直徑約10公分的圓形壓模壓出8張圓形麵皮，每張皮中間放3匙餡料，邊緣抹水，再取一張圓皮覆蓋上去，並用叉子用力壓緊邊緣。重複以上步驟做出12顆餃子。將做好的餃子放在鋪好烘焙紙及灑上麵粉的烤盤上，若不馬上下餃子，先用乾淨的布蓋住。
4　番茄醬的做法是將橄欖油放進鍋中以中火加熱，翻炒洋蔥及蒜頭至半透明，加入番茄糊及辣椒片大火快炒。再加入罐頭番茄並淋上伏特加，小火悶煮約15分鐘，以手持攪拌棒打成泥後再繼續煮，直到醬汁變得濃稠，以鹽巴、胡椒及糖調味。
5　酸漬番茄的做法是先將1公升的水煮開，倒進盆子中，番茄底部以刀尖畫十字，放進熱水約30秒，取出後馬上沖冷水並撕去番茄皮。番茄去籽切丁，將油、醋、鹽巴及胡椒混和攪拌成醃汁，放進番茄丁醃漬。
6　另取一大鍋燒開鹽水，轉小火，讓水維持冒泡但不翻滾的溫度，放進餃子3–5分鐘煮熟（餃子熟了會浮到水面）。用漏杓小心撈起餃子，瀝乾，放置保溫。

甜菜根燉飯

佐菲達起司

◎ 4人份　　🕐 45 分鐘　　📖 第162頁

2顆紅蔥／切細丁
1大匙橄欖油
250克義大利燉飯米
150毫升乾型白酒
350毫升蔬菜高湯
350毫升甜菜根汁
1大匙奶油
40克帕瑪森起司／刨薄片
鹽巴
胡椒
150克蠶豆／冷凍

擺盤材料
1顆甜菜根／煮熟，削皮並
　切丁
炸紅洋蔥圈／做法請見炸紅
　蔥圈，頁230
60克榛果仁／烘炒過，去皮
　並大致搗碎
200克菲達起司／掰成小塊
微型菜苗嫩葉

做法

1 將紅蔥以橄欖油煎至半透明，加入米，翻炒一下，再倒入白酒下鍋，關小火繼續烹煮。先將蔬菜高湯及甜菜根汁加熱，再一點一點倒入米鍋慢煮，期間不斷攪拌，直到米飯變軟，但仍有咬感。再加入奶油及帕瑪森起司，以鹽巴及胡椒調味。

2 蠶豆放入沸騰的鹽水中汆燙約3分鐘，撈起後放置保溫。

薯餅鮭魚堡

佐涼拌大頭菜

◎ 4人份　　🕐 90 分鐘　　📖 第164頁

涼拌大頭菜食材
2顆大頭菜
75毫升白酒醋
5小匙鹽巴
2小匙糖
100克法式酸奶油
鹽巴
胡椒

鮭魚堡食材
600克大顆馬鈴薯
1顆蛋
約3大匙麵粉
肉豆蔻
鹽巴

胡椒
2大匙味道中性的植物油
500克鮭魚／無皮

沙拉食材
2大匙橄欖油
1小匙檸檬汁
鹽巴
胡椒
1把沙拉菜葉

擺盤材料
甜椒粉
薑黃粉
微型菜苗嫩葉

做法

1 大頭菜削皮，再以螺旋刨絲器刨成長條。將白酒醋、225毫升水、鹽巴及糖在一鍋中加熱，直到糖完全融化，再加入大頭菜醃漬，放進冰箱約1小時。取出後再加進法式酸奶油，以鹽巴及胡椒調味。

2 馬鈴薯削皮，以螺旋刨絲器刨成長條，放進大碗中與蛋、麵粉、肉豆蔻、鹽巴及胡椒混和，麵粉則視狀況自行增減。取一平底鍋將油燒熱，將一份馬鈴薯細麵（直徑約9公分）放進油鍋，並稍微壓平，依序煎出8個金黃酥脆的馬鈴薯絲餅，放在廚房紙巾上吸去過多的油脂，灑上少許的鹽，放置保溫。

3 鮭魚洗淨，瀝乾，抹上少許鹽巴。取一平底鍋將油燒熱，放進鮭魚煎熟且兩面金黃酥脆。

4 將橄欖油與檸檬汁、鹽巴及胡椒快速攪拌成沙拉醬，淋在沙拉葉上。

菲力牛排

佐香草藜麥

◎ 4人份　　🕐 60 分鐘　　📖 第166頁

600克菲力牛排
200克藜麥
1根香草莢
400毫升蔬菜高湯
鹽巴
胡椒
4大匙無水奶油

擺盤材料
番薯泥／頁239
甜菜根凝膠／頁237
微型菜苗嫩葉
黑色海鹽

做法

1 料理前1小時先將牛肉從冰箱取出，放置於室溫下回溫。

2 藜麥以熱水仔細清洗過，香草莢縱向剖開，刮出香草籽。將藜麥、高湯、香草莢及香草籽一起於鍋中煮開，蓋上鍋蓋悶煮約10分鐘，再以小火悶約15分鐘，等藜麥吸滿高湯發脹後取出香草莢，再以鹽巴與胡椒調味。

3 烤箱預熱至120度（上下火）。牛肉以冷水沖洗，再以廚房紙巾拭乾，若有皮或筋，先用刀子除去。為使牛肉受熱均勻並能保持形狀，先將牛肉以料理繩綁好，四面抹上鹽巴。無水奶油放進燉鍋中加熱，以高溫將牛排四面煎至金黃色，再連鍋帶肉送進烤箱中層，烤約35分鐘（須視肉排厚度調整時間）直至牛肉達到所需的熟度（中心溫度55–59度便是所謂的五分熟〔medium〕）。從烤箱取出後以鋁箔紙稍微蓋住，靜置幾分鐘，擺盤前切成4塊。

菲力牛排
佐吐司捲

◎ 4人份　　🕙 90 分鐘　　📖 第168頁

4塊菲力牛排（各約150公克）
1顆番薯／削皮，切丁
300毫升蔬菜高湯
4大匙無水奶油
鹽巴
胡椒
2大匙橄欖油
1小匙檸檬汁
50克綜合沙拉菜葉

擺盤材料
番薯泥／頁239
菠菜凝膠／頁238
甜菜根凝膠／頁237
蒜頭脆片／頁230
粗粒海鹽
微型菜苗嫩葉
4個吐司捲／頁60

做法
1　料理前1小時先將牛肉從冰箱取出，放置於室溫下回溫。
2　番薯丁放進蔬菜高湯中煮約10分鐘，此時番薯已熟，但仍未軟爛，瀝水取出並放置保溫。
3　牛肉以冷水沖洗，再以廚房紙巾拭乾，若有皮或筋，先用刀子除去。為使牛肉受熱均勻並能保持形狀，先將牛肉以料理繩綁好。
4　烤箱預熱至90度（上下火）。取一平底鍋將無水奶油燒至高溫，放進牛排每面各煎約1分鐘，之後按所需熟度煎熟，記得不時翻面：2分鐘左右牛排仍相當血紅（即三分熟〔medium rare〕，中心溫度為52–55度）；3分鐘後約是半熟（五分熟，中心溫度為55–59度）；4–6分鐘後全熟（well done，中心溫度為60 –62度）。煎好的牛排以鹽巴及胡椒調味，放進烤箱中靜置約8–10分鐘。擺盤時將每塊牛排切成3片薄片。
5　將橄欖油與檸檬汁、鹽巴及胡椒攪拌成沙拉醬，淋在沙拉菜葉上。

菲力牛排
傑克遜‧波洛克風格

◎ 4人份　　🕙 90 分鐘　　📖 第170頁

800克菲力牛排
80克綜合香草（如歐芹、迷迭香及百里香）／大致切碎
白胡椒／大致磨碎
味道中性的植物油
鹽巴
4大匙無水奶油
½顆洋蔥／切細丁

1瓣蒜頭／切細丁
500克嫩菠菜

擺盤材料
甜菜根泥／頁238
番薯泥／頁239，½分量
焦脆紅蔥瓣／頁232
微型菜苗嫩葉
白色珊瑚脆片／頁62

做法
1　料理前1小時先將牛肉從冰箱取出，放置於室溫下回溫。
2　綜合香草加入大量的胡椒與3大匙植物油混和均勻。
3　烤箱預熱至120度（上下火）。牛肉以冷水沖洗，再以廚房紙巾拭乾，若有皮或筋，先用刀子除去。為使牛肉受熱均勻並能保持形狀，先將牛肉以料理繩綁好，四面抹上鹽巴。無水奶油放進燉鍋中加熱，以高溫將牛排四面煎至金黃色，再連鍋帶肉送進烤箱中層，烤約35分鐘（須視肉排厚度調整時間）直至牛肉達到所需的熟度（五分熟，中心溫度為55–59度）。
4　洋蔥及蒜頭放進油鍋中以中火翻炒，直至洋蔥變得半透明，再加入嫩菠菜，炒到菠菜變軟為止。
5　將烤好的牛排從烤箱中取出，在表面塗上綜合香草油，再用鋁箔紙覆蓋，靜置幾分鐘，擺盤前切成4塊。

鰈魚捲
佐番紅花美乃滋

◎ 4人份　　🕙 2 分鐘　　📖 第172頁

200克壽司米
400毫升魚高湯
40克墨魚汁
1顆芒果／切丁
4顆紅蔥／切細丁
¼小匙辣椒油
乾辣椒片
2大匙青蔥／切蔥花
3大匙香菜／切碎
3大匙歐芹／切碎
½小匙薄荷／切碎

鹽巴
胡椒
2片鰈魚無皮
2片大白菜葉

擺盤材料
番紅花美乃滋／頁235
番茄皮／頁64
黑色珊瑚脆片／頁62，½分量
微型菜苗嫩葉
1大匙黑白芝麻混和／烘炒過

做法
1　米放在碗中或濾網裡以冷水沖洗，直到水變得清澈。洗好的米與魚高湯及墨魚汁放進鍋中煮開，關小火再煮約20分鐘，直到米粒變黑變熟，且吸盡所有高湯為止。煮好的黑米放置保溫。
2　芒果（先保留約1大匙芒果作裝飾用）、紅蔥、辣椒油、乾辣椒片、青蔥、香菜、歐芹及薄荷混和，再以鹽巴及胡椒調味，芒果沙拉即成。
3　每片魚縱向切成2片長條，鋪上芒果沙拉捲起。
4　蒸籠底鋪上大白菜，將魚捲放上去，取一鍋燒開熱水，蒸籠置於鍋上大火蒸3分鐘，直到魚熟。（也可以使用附蒸盤的鍋子，但要注意鍋內的水位不可高到碰到魚片，但也不能太低，必須在蒸煮的時間內都保持足夠的水蒸氣。）

甜 點

起司蛋糕慕斯
佐糖煮覆盆子

◎ 4人份　🕐 2小時　❄ 2小時　📖 第176頁

糖煮覆盆子食材
60克糖
50毫升柳橙汁
250毫升覆盆子汁
1小匙玉米粉
20毫升覆盆子白蘭地／
　或以覆盆子汁取代
200克新鮮覆盆子／切半

起司蛋糕慕斯食材
250克奶油起司
90克細糖粉
½小匙香草精
250克液態鮮奶油

擺盤材料
150克黑巧克力（50%）／
　融化
4個巧克力小碗／頁76
巧克力海綿／頁77
巧克力碎石土／頁246
1手掌分量的山桑子
1手掌分量的醋栗
12顆焦糖裹榛果／頁73
微型菜苗嫩葉
4球芒果冰淇淋

做法
1　將糖放進鍋中，以中小火完全不攪拌加熱至焦糖化，再邊攪拌邊加入柳橙汁及覆盆子汁，煮3分鐘。將玉米粉加入覆盆子白蘭地（或以覆盆子汁取代）攪散，加入攪拌中的覆盆子糖汁，再加熱至沸騰，關火，最後拌入覆盆子，糖煮覆盆子即成，靜置放涼。
2　起司蛋糕慕斯的做法是先取一大碗，將奶油起司、細糖粉及香草精以手持攪拌器攪拌2分鐘至光滑平順，加入鮮奶油，繼續攪拌，直至硬性發泡。裝進擠花袋中，放進冰箱冰2小時。

起司蛋糕慕斯
於玻璃杯中

◎ 4人份　🕐 1小時　❄ 2小時　📖 第178頁

5張吉利丁片
150克白巧克力
250克液態鮮奶油
200克奶油起司
500毫升百香果汁
50克糖

擺盤材料
巧克力碎石土／頁246
義式蛋白霜／頁72，½分量
4顆焦糖裹榛果／頁73

做法
1　取2張吉利丁片在冷水中泡約10分鐘。白巧克力切塊，與200克鮮奶油放進小鍋中邊攪邊加熱，直到巧克力完全融化，繼續攪拌成濃稠鮮奶油。將軟化的吉利丁稍微擠乾，放進巧克力鮮奶油中待其完全溶解，靜置放涼。
2　剩下的鮮奶油與奶油起司攪拌均勻，將巧克力鮮奶油過篩倒入鮮奶油及奶油起司的混和液中，一起攪拌成平順光滑的巧克力奶油醬，裝進擠花袋備用。
3　剩下的吉利丁片（3張）放進冷水中約10分鐘軟化。百香果汁與糖以中小火不蓋鍋蓋熬煮，直到水分蒸發剩一半體積。稍微擠乾軟化的吉利丁片放進果汁中溶解，果汁過篩，靜置一旁待涼。

起司蛋糕
佐義式蛋白霜

◎ 4人份　🍳 2分鐘　❄ 4小時　📖 第180頁

150克OREO餅乾／其他
　巧克力餅乾也可
50克奶油
6張吉利丁片
100克白巧克力
240克液態鮮奶油
200克奶油起司
250毫升百香果汁
25克糖
¼小匙玉米粉

100毫升芒果汁
½顆芒果／切細丁

擺盤材料
義式蛋白霜／頁72
巧克力碎石土／頁246
12顆焦糖裹榛果／頁73
4顆新鮮覆盆子／切半
1小枝薄荷
4球椰子冰淇淋
料理噴槍

做法

1　將OREO夾心餅乾裡的餡除去，放進果汁機中將餅乾打成
　碎屑。奶油融化，直到成為液態，加入餅乾屑中攪拌，
　再均勻鋪在蛋糕模底，壓緊，放進冰箱冷藏至少1小時。

2　取4張吉利丁片在冷水中泡約10分鐘。白巧克力切塊，與
　100克鮮奶油放進小鍋中邊攪邊加熱，直到巧克力完全
　融化，繼續攪拌成濃稠鮮奶油。將軟化的吉利丁稍微擠
　乾，放進巧克力鮮奶油中待其完全溶解，靜置放涼。

3　奶油起司與剩下的鮮奶油攪拌均勻，將白巧克力鮮奶油
　過篩倒入鮮奶油及奶油起的混和液中，一起攪拌成平
　順光滑的巧克力奶油醬，倒在餅乾底上，再放進冰箱，
　直到奶油醬凝結成形。

4　剩下的吉利丁片（2張）放進冷水中約10分鐘軟化。百香
　果汁與糖以中小火不蓋鍋蓋熬煮，直到水分蒸發剩一半
　體積。稍微擠乾軟化的吉利丁片放進果汁中溶解，放涼
　直到室溫程度，過篩倒在起司蛋糕鮮奶油上。再放進冰
　箱冷藏直到凝結成形，切成4長塊。

5　玉米粉以1大匙芒果汁攪拌溶解，剩下的芒果汁放進小鍋
　中煮開，邊攪拌邊倒入玉米粉液，再次煮至沸騰。關火
　後靜置待涼，再拌進芒果丁。

義式奶酪
佐草莓凝膠

◎ 4人份　🍳 2分鐘　❄ 3小時　📖 第182頁

義式奶酪食材
4張吉利丁片
500克液態鮮奶油
100毫升全脂鮮奶
50克糖
1根香草莢

草莓凝膠食材
450克草莓
70克糖
20毫升水

開心果甘納許食材
50克液態鮮奶油
3大匙開心果／磨碎
100克白巧克力／切碎
8個開心果馬卡龍餅殼／頁249

擺盤材料
開心果酥粒／頁245
草莓魚子醬／頁71
巧克力細絲環／頁80，½分量
4顆草莓／洗淨
12個蛋白霜餅／頁70
4片可可香橙餅／頁248

做法

1　義式奶酪的做法是先將吉利丁泡在冷水中約10分鐘軟
　化，期間將鮮奶油、牛奶與糖放進鍋中，以中小火加熱
　並不斷攪拌（注意不要煮到沸騰），直到糖完全溶解，
　關火移開鍋子。將軟化的吉利丁稍微擠乾，放進熱鮮奶
　油糖液中攪拌至融化，過篩即成。香草莢縱向切開，刮
　出香草籽，加進奶酪中。將奶酪倒進4個玻璃杯中，放進
　冰箱冷藏約2小時。

2　草莓洗淨切小丁，將糖、水放進鍋中，加入草莓，以中
　小火煮至沸騰。轉小火繼續煮約5分鐘，期間不時攪拌。
　關火，以手持攪拌棒打成滑順的水果泥。

3　開心果甘納許的做法是將鮮奶油及磨碎的開心果放在一
　鋼盆中，隔水加熱。將鋼盆取出，邊攪拌邊加入切塊的
　白巧克力，直至融化為止。將開心果巧克力鮮奶油混和
　液攪拌至平順濃稠，放進碗中，冰進冰箱冷藏待其變
　硬。最後再將開心果甘納許攪拌均勻，裝進擠花袋中，
　作為馬卡龍的夾心餡料。

檸檬塔
佐蛋白霜

◎ 4人份　🥄 60分鐘　✳ 2.5小時　📖 第184頁

250克德制405型麵粉／
　另加揉麵時額外所需
75克糖
3顆蛋
125克奶油／切成小丁，
　另加一些塗抹蛋糕模用
盲烤時用的乾豆子
2顆有機檸檬
1顆蛋黃
300克煉乳／脂肪含量9%

擺盤材料
義式蛋白霜／頁72
食用花瓣
½顆葡萄柚／切片，並分成
　小塊
4片巧克力線圈片／頁78
1枝薄荷
料理噴槍

做法
1　麵粉與糖、1顆蛋及奶油以機器攪拌成麵團，再以手揉至光滑平順。以保鮮膜包好，放進冰箱冷藏約30分鐘。
2　烤箱預熱至175度（上下火）。將麵團在灑上麵粉的工作檯上擀成一張3–5公釐厚的麵皮，用直徑約11公分的圓形壓模壓出4個圓形麵皮，放入4個抹油的塔模（直徑9公分）中。邊緣稍微拉高壓好，超出模子的部分則用銳利的刀子割掉。每個麵皮底部都用叉子戳幾個洞，再鋪上一張烘焙紙，灑進乾豆子壓住。送進預熱好的烤箱中層盲烤約10分鐘。烤好後取出烤箱，放置待涼，取出乾豆子。
3　以刨刀刨下檸檬皮屑，注意只要黃色的皮，白色的部分（中果皮）會苦，再擠出檸檬汁。剩下的2顆蛋加入蛋黃、煉乳、檸檬汁及檸檬皮屑以手持攪拌器打發即成。將做好的檸檬奶霜倒進烤好的小塔皮裡，送進預熱好的烤箱再烤15–20　分鐘。取出烤好的小塔，放涼，放進冰箱冷藏至少2小時。

天上掉下來的
巧克力蛋糕

◎ 4人份　🥄 2小時　✳ 3小時　📖 第186頁

巧克力蛋糕食材
120克調溫黑巧克力（50%）
　／切小塊
120克軟化的奶油
40克細糖粉
6顆蛋黃
120克德制405型麵粉／
　過篩
6顆蛋白
160克糖
150克杏子果醬

糖衣食材
450克糖
180毫升水
375克調溫黑巧克力（50%）
　／切小塊

擺盤材料
巧克力醬／頁246
焦糖爆米花／頁245，½分量
4球覆盆子冰淇淋
粗海鹽

做法
1　烤箱預熱至180度（上下火）。調溫巧克力切塊，以水浴法加熱，巧克力變成液體後稍微放涼，加入奶油與細糖粉在一盆中攪拌至發泡，再一一加入蛋黃攪拌均勻，小心加入麵粉成麵糊。蛋白與糖打發成形，小心拌入麵糊中。取一蛋糕模（直徑26公分），底部鋪上烘焙紙，倒入麵糊，表面刮平，送進烤箱中層烤約55分鐘。取出蛋糕後靜置放涼。
2　果醬加熱，過篩。以小刀沿著蛋糕模內壁劃一圈取出蛋糕，橫向切成上下兩片，每片以直徑8公分大的壓模，各壓出4個圓圈。其中4個圓圈塗上一半的杏子果醬，再取另外4個圓圈覆蓋於上，最後再把剩下的果醬塗上薄薄一層。
3　將糖與水放進鍋中加熱至沸騰，拌入巧克力並加熱至110度。取一把濕的刷子不斷抹拭鍋壁，防止糖結晶形成。再將調過溫的巧克力糖衣醬過篩，慢慢放涼，期間不時攪拌，直到糖衣醬顯得濃稠平順，且溫度降到40度左右。
4　將蛋糕放在散熱架上，巧克力糖衣醬直接淋在蛋糕上，再用刮板稍微刮勻，最後修整邊緣，蛋糕靜置放涼。

巧克力蛋糕
佐焦糖醬

◎ 4人份　　✎ 2小時　　📖 第188頁

4個巧克力蛋糕／請見　　4球覆盆子冰淇淋
　上頁食譜　　　　　　焦糖爆米花／頁245，½分量
鹽味焦糖醬／頁247
巧克力碎石土加可可粒／
　頁246

巧克力蛋糕
佐焦糖爆米花

◎ 4人份　　✎ 2.5小時　　📖 第190頁

4個巧克力蛋糕／請見　　焦糖爆米花／頁245，½分量
　上頁食譜　　　　　　金色糖漿裝飾
100克黑巧克力（50%）／　1手掌分量的開心果仁
　融化
巧克力脆酥／頁246
4球覆盆子冰淇淋

法式巧克力慕斯
佐燈籠果

◎ 4人份　　✎ 2小時　　❄ 3小時　　📖 第192頁

慕斯食材　　　　　　　100克糖
200克黑巧克力（50%）／　100克德制405型麵粉
　切碎　　　　　　　　　25克可可粉
100克牛奶巧克力／切碎　¼小匙泡打粉
100克奶油　　　　　　　200克柳橙果醬
1小匙可可粉　　　　　　300克調溫黑巧克力（50%）
4顆蛋
1小撮鹽　　　　　　　　**擺盤材料**
200克液態鮮奶油　　　　150克液態鮮奶油／打發成形
1½大匙糖　　　　　　　蜂巢糖／頁71，½分量
　　　　　　　　　　　　8顆燈籠果／切半
法式小點心食材　　　1小枝薄荷
5顆蛋　　　　　　　　　柳橙果漿／頁247
1小撮鹽
1小包香草糖粉（8克）★

做法

1 將奶油及可可粉放進碗中，隔水以小火加熱融化，期間
　不斷攪拌，注意不要讓水濺進巧克力裡。融化且攪拌均
　勻後稍微放涼。

2 蛋白蛋黃分開，蛋白加一點鹽巴打發至硬性發泡。打發
　鮮奶油，但不要太過。蛋黃加糖攪拌幾分鐘直至濃稠，
　將巧克力奶油醬拌進蛋黃醬中，接著再將鮮奶油拌入，
　最後小心拌入蛋白霜。混和好後的慕斯裝入擠花袋，放
　進冰箱冷藏約3小時。

3 烤箱預熱至180度（上下火）。蛋白蛋黃分開，蛋白打發
　至軟性發泡，並在打發期間依序加入鹽巴、香草糖粉及
　糖，再將蛋黃一個一個依序拌入。取另一大碗將麵粉、
　可可粉及泡打粉混和，過篩加入蛋白霜糊，輕輕拌勻。
　將攪拌好的巧克力麵糊倒進鋪好烘焙紙的烤盤（33×29
　公分）並抹平，送進烤箱烤約12分鐘。烤好的蛋糕體倒
　置在散熱架上，小心撕下烘焙紙，靜置放涼。

4 將蛋糕體平均切成3份，每份均勻塗上柳橙果醬，疊高，
　再切成4×4公分的方塊。將調溫醇黑巧克力隔水加熱融
　化，淋在小蛋糕上，直到表面全部裹上巧克力，靜置放
　涼。

★ 譯註：德國所售包裝，一小包約8克。

巧克力小管
佐黑醋栗甘納許

◎ 4人份　🥄 2小時　❄ 2小時　📖 第194頁

3顆蛋
1小撮鹽
90克糖
1小包香草糖粉（8克）
30克德制405型麵粉
30克玉米粉
30克可可粉

擺盤材料
芒果凝膠／頁247
1大匙可可粉
4個開心果巧克力小管／頁81
黑醋栗甘納許／頁246
100克液態鮮奶油／打發
1小枝薄荷
½顆芒果／切丁

做法

1 烤箱預熱至160度（上下火），取一蛋糕模（直徑16公分），鋪好烘焙紙。蛋白蛋黃分開，蛋白加一點鹽巴攪拌至硬性發泡，並在打發期間一點一點加入香草糖粉及糖。最後再將蛋黃小心混入蛋白霜中。

2 取一容器將麵粉、玉米粉及可可粉混和。過篩加入蛋白霜裡，小心攪拌，直至形成蓬鬆且均勻的麵糊。

3 麵糊倒進準備好的蛋糕模中，表面抹平，放入預熱好的烤箱中烤約30-40分鐘（以筷子法測試）。烤好的蛋糕底放在散熱架上放涼。

檸檬凝乳馬卡龍
佐香草冰淇淋

◎ 4人份　🥄 2.5小時　❄ 2小時　📖 第196頁

6顆蛋黃
100克糖
1小撮鹽巴
1根香草莢
300毫升全脂鮮奶
300克液態鮮奶油

擺盤材料
8個馬卡龍餅殼／
　原色，頁249

檸檬凝乳／頁247
1大匙蜂花粉
1大匙液態蜂蜜
12小顆白色蛋白霜餅／頁70
4小塊巧克力隕石片／頁74
白巧克力碎粒／頁246
微型菜苗嫩葉
未使用過的氣泡紙

做法

1 蛋黃加鹽巴打發起泡，直至變白且濃稠為止。香草莢縱向剖開，刮出香草籽。將牛奶、鮮奶油、香草籽及空香草莢放進鍋中以中小火加熱，注意不要煮到沸騰。加熱時一邊攪拌一邊慢慢加入蛋黃霜，直到液體開始變得濃稠為止（注意千萬不要煮到沸騰）。關火，取出空香草莢，靜置待涼。（若想加速變涼的速度，可以將鍋子放置在冷水中約8-10分鐘，並不斷攪拌。）

2 放涼後的香草醬裝進冰淇淋機中，並按照機器所附的使用說明書製作冰淇淋。取一大平底碗，鋪上氣泡紙，將冰淇淋塗抹在氣泡紙上，厚度約1.5公分左右，表面抹平，放進冷凍庫約2小時結凍。

3 擺盤前拿出冰淇淋，以直徑約8公分的圓形壓模壓出4個圓圈。若冰淇淋太硬，可以將壓模放在乾燒的熱鍋上，加熱後的壓模比較容易為冰淇淋造型。

檸檬凝乳馬卡龍
佐檸檬慕斯

◎4人份　🕐2小時　❄2小時　📖第198頁

檸檬慕斯食材
1顆有機檸檬
3顆蛋
1小包香草糖粉（8克）
100克糖
250克馬斯卡彭起司
1小撮鹽巴

糖漬醋栗食材
1手掌分量的帶莖醋栗
1顆蛋白／打散
1大匙糖

擺盤材料
100克黑巧克力（50%）／
　融化
1大匙可可粉
4顆巧克力圓球／頁79
8個馬卡龍餅殼／原色，頁249
檸檬凝乳／頁247
4根長巧克力細絲環／頁80
醋栗凝膠／頁247
蛋白霜片／掰碎，頁245，
　½分量
微型菜苗嫩葉

做法

1　檸檬慕斯的做法是將檸檬洗淨，擦乾，將一半的檸檬皮薄薄地刨出皮屑。檸檬切半，半邊拿去擠汁。蛋黃蛋白分開，將蛋黃、香草糖粉與50克糖攪拌約3分鐘直至平順均勻，再加入馬斯卡彭起司、檸檬皮屑及2大匙檸檬汁攪拌。蛋白打發成硬性發泡，期間一點一點加入剩下的糖及鹽巴，最後將蛋白霜小心地拌進檸檬醬中即成。做好的慕斯裝進擠花袋中，放進冰箱冷藏約2小時。

2　醋栗洗淨瀝乾，浸泡在打散的蛋白，再放進糖中滾一滾，上桌前須冷藏。

 # 紅果凍
佐帕帕納西

◎4人份　🕐30分鐘　❄30分鐘　📖第202頁

紅果凍食材
400克新鮮漿果／黑莓、山桑
　子、覆盆子、醋栗
500毫升櫻桃汁
1根香草莢
2大匙液態蜂蜜
25克玉米粉

帕帕納西食材
400克夸克起司
2顆蛋
110克杜蘭小麥粉
3大匙麵包粉

3大匙軟化奶油
1小包香草糖粉（8克）

焦糖堅果食材
125克奶油
100克糖
150克榛果仁／磨碎
25克開心果仁／切碎
鹽巴

擺盤材料
香緹鮮奶油／頁246，½分量
2小枝薄荷

做法

1　摘洗漿果，較大的果實可切成兩半。1手掌分量的漿果放置一旁待作裝飾用。櫻桃汁與切開的香草莢一同煮開，加入蜂蜜。玉米粉以3大匙水化開，邊攪拌邊加入櫻桃汁中，再次煮至沸騰，淋在漿果上。放進冰箱冷藏。

2　將夸克起司、蛋、杜蘭小麥粉、麵包粉、奶油及香草糖粉混和揉成結實的麵團，放進冰箱冷藏約30分鐘。

3　奶油在鍋中以中小火加熱融化，加入糖、磨碎榛果仁、開心果仁碎粒，以及1撮鹽巴，加熱至堅果碎粒出現輕微焦糖化現象。

4　取出冰涼的夸克起司麵團，捏成12顆一樣大小的圓球，放入鹽水中以中小火煮約7分鐘。取出煮好的圓球，瀝乾，並在焦糖化的堅果碎粒上滾一滾。

 # 檸檬凝乳馬卡龍
佐芒果凝膠

◎4人份　🕐90分鐘　❄3小時　📖第200頁

檸檬凝乳／頁247
12個馬卡龍餅殼／原色，
　頁249
白巧克力碎粒／頁246
覆盆子凝膠／頁247

4顆覆盆子／放進冷凍庫中
　1小時，剝成小塊
芒果凝膠／頁247
1小枝薄荷

鹹味裝飾元素

脆酥物

香煎櫻桃蘿蔔
🥄 10 分鐘

1大匙奶油
8個櫻桃蘿蔔（太大可切半）

做法
奶油在鍋中加熱至發泡，放進櫻桃蘿蔔煎到變軟、表皮呈金黃色。

巴薩米可醋魚子醬
🥄 20 分鐘　❄ 1小時

味道中性的植物油　　　10克水
70克巴薩米可醋　　　　鹽巴
20克巴薩米可醋膏　　　3克洋菜
　（Balsamico cream）

做法
取一瘦高型容器，裝一半冷水，再加入占剩餘空間三分之一的植物油，放進冷凍庫約1小時。將醋、醋膏加水與鹽巴在小鍋中以中小火加熱，拌入洋菜，煮開後轉小火再煮2分鐘。關火移開鍋子，等汁液稍涼後填入注射筒中。將裝有油水的容器從冷凍庫取出，擠壓注射筒成小顆粒狀進油水混和的液體中。以湯匙將「魚卵」撈出，放在濾網上小心以冷水沖洗。

麵包脆酥
🥄 30 分鐘

300克隔夜麵包　　　鹽巴
2大匙奶油　　　　　150毫升蔬菜高湯

做法
烤箱預熱至160度（上下火）。將麵包大致切丁，與奶油放進一鍋中以中小火煎至金黃。加點鹽巴，放進蔬菜高湯煮約5分鐘，再打成濃稠平滑的泥。（若不夠濃稠，可再以中小火多煮幾分鐘。）將麵糊倒在鋪好烘焙紙的烤盤上成薄薄一片，送進烤箱烤約5–8 分鐘，直到麵皮酥脆且呈金黃色。取出後靜置放涼，掰成小片。

麵包丁
🥄 15 分鐘

3片吐司／去邊，大致切丁
2大匙味道中性的植物油

做法
將吐司丁以熱油煎到酥脆，每面皆呈金黃色，放在廚房紙巾上瀝油。

醃漬芥末籽
🥄 20 分鐘

30克黃芥末籽　　　30克糖
100毫升白酒醋　　　½小匙鹽巴
50毫升水

做法
芥末籽放進鍋中加水煮開，過濾取出芥末籽，如此重複5次，去除單寧苦味。將醋、水、糖、鹽巴及汆燙後的芥末籽放入一小鍋中煮開，關火移開鍋子，待其涼透。煮好的芥末籽可馬上食用，但放進冰箱冷藏過夜後，風味會更加濃郁。

烘炒芝麻
🔊 10 分鐘

40克芝麻／黑白混和

做法

芝麻洗淨並放在濾網上瀝乾。取一平底鍋以中小火加熱，將芝麻放入熱鍋中不加油不斷翻炒，直到芝麻可用手指搓成粉末即成。取出芝麻靜置待涼。

橄欖碎石土
🔊 40 分鐘

150克黑麥麵包　　　　　1小匙墨魚汁
150克卡拉馬塔橄欖，去核

做法

烤箱預熱至160度（上下火）。黑麥麵包片攤放於鋪好烘焙紙的烤盤上，送進烤箱烤約30分鐘，直到麵包變硬。橄欖以廚房料理機約略打成泥，加入墨魚汁及麵包丁繼續打泥，直到質感像泥土一樣。若太濕黏結成團，可再多烤些黑麥麵包加入。

帕馬火腿脆片
🔊 20 分鐘

帕馬火腿切片

做法

烤箱預熱至180度（熱風循環）。將帕馬火腿片一片片平放在鋪好烘焙紙的烤盤上，送進烤箱烤約8–10分鐘直至酥脆。取出放涼。

黑麥麵包碎石土
🔊 25 分鐘

60克黑麥麵包　　　　　胡椒
15克奶油　　　　　　　肉豆蔻
鹽巴

做法

烤箱預熱至160度（上下火）。黑麥麵包捏碎，與奶油混和，並以鹽巴、胡椒及肉豆蔻調味。散放於鋪好烘焙紙的烤盤上，送進烤箱烤20–25分鐘。取出放涼。

藜麥爆米花
🔊 90 分鐘

50克藜麥
250毫升蔬菜高湯

做法

藜麥以熱水沖洗乾淨，放入高湯中煮至沸騰，蓋上蓋子悶煮約10分鐘；再以小火悶約15分鐘，等藜麥吸滿高湯發脹，以濾網過濾散置在鋪好烘焙紙的烤盤上。烤箱預熱至90度（熱風循環），將藜麥送進烤箱中烤約45分鐘直到烤乾。最後放進燒得極熱的平底鍋，以不加油的方式乾炒，直到藜麥籽爆開，並呈微焦的狀態，立即取出，否則容易燒焦。

烤物裝飾

炸魚子醬扁豆
🔊 15 分鐘 ＋3小時浸泡

100克魚子醬扁豆
味道中性的植物油

做法
扁豆放進溫水中浸泡約3小時，瀝乾並以廚房紙巾擦乾。油在鍋中加熱至160度，將扁豆放進熱油中炸約2–3　分鐘，直到爆開。以漏勺撈出，放在廚房紙巾上吸去多餘的油脂。

炸刺山柑花蕾
🔊 15 分鐘

4大匙刺山柑花蕾／乾燥，擠壓過
100毫升味道中性的植物油

做法
將刺山柑花蕾放在濾網上沖水，瀝乾並以廚房紙巾擦乾。植物油加熱至160度，將刺山柑花蕾放進熱油中炸，直到花蕾爆開酥脆。以漏勺從油鍋中撈出，放在廚房紙巾上吸去多餘的油脂。

炸馬鈴薯細麵
🔊 20 分鐘

1顆蠟質馬鈴薯／也可以用番薯取代
200毫升味道中性的植物油

做法
馬鈴薯削皮後，以螺旋刨絲器刨成薄薄的長條，油在鍋中加熱至180度，將「麵條」放進油鍋中炸到酥脆並呈金黃色。放在廚房紙巾上瀝油，灑上些許鹽巴。

炸香草
🔊 10 分鐘

混和香草／例如歐芹、羅勒
　或鼠尾草
麵粉
油炸用植物油

做法
摘下香草葉，裹上薄薄的麵粉。油在小鍋中加熱至160度，放進香草炸約10秒鐘撈出，放在廚房紙巾上瀝乾。

炸蓮藕脆片
🔊 10 分鐘

200克新鮮蓮藕
味道中性的植物油
鹽

做法
以蔬果切片器將蓮藕切成薄片。油在鍋中加熱至180度，放進蓮藕片炸約1分鐘變得酥脆且呈金黃色，撈出放在廚房紙巾上瀝乾，灑上少許鹽巴。

炸米粉
🔊 10 分鐘

味道中性的植物油
米粉

做法
油在鍋中加熱至180度，放進米粉炸到發脹，取出放置於廚房紙巾上吸去多餘的油脂。

炸紅蔥圈
🔊)) 10分鐘

1大匙麵粉
法國埃斯普萊特辣椒粉／
　可用一般辣椒粉取代
鹽巴
1顆蛋

3大匙日式麵包粉／可用麵包
　粉取代
4顆紅蔥／可用紅洋蔥取代，
　切細圈
味道中性的植物油

做法

麵粉以埃斯普萊特辣椒粉與鹽巴調味，放在小碟上。蛋以叉子在小碗裡打散，日式麵包粉放在另一個小碟裡。將紅蔥圈沾上麵粉，放進蛋液中，再裹上麵包粉。油在鍋中加熱至180度，放進紅蔥圈炸至酥脆且呈金黃色，取出放在廚房紙巾上瀝油。

蔬菜脆片
🔊)) 10分鐘

蔬菜／例如甜菜根、番薯、
　環紋甜菜根、歐防風、馬鈴
　薯、胡蘿蔔、根芹菜、菊芋

味道中性的植物油
鹽巴

做法

蔬菜削皮，以蔬果切片器切成薄片。油在鍋中加熱至160度，放進蔬菜薄片油炸，取出後放在廚房紙巾上瀝油。灑上少許鹽巴。

野米香
🔊)) 10分鐘

味道中性的植物油
野米

做法

油在鍋中加熱至180度，野米分批放入油炸。一旦爆開立即以漏勺撈出，放在廚房紙巾上瀝油。若想要顆粒較小、較緊緻的米香可先將米煮熟，放進120度（熱風循環）的烤箱中約2小時烤乾，之後再如前所述油炸。

羽衣甘藍脆片
🔊)) 10分鐘

200毫升味道中性的植物油
100克羽衣甘藍

鹽巴

做法

油在鍋中加熱至160度，羽衣甘藍葉撕成大塊，放進油鍋中炸約15秒至酥脆。取出後放在廚房紙巾上瀝乾。灑上少許鹽巴。

蒜頭脆片
🔊)) 20分鐘

2瓣蒜頭／去皮
味道中性的植物油

鹽巴

做法

蒜頭瓣切成如蟬翼的薄片，油在鍋中加熱至160度，放進蒜頭薄片油炸至酥脆且微焦，立即取出放在廚房紙巾上瀝乾。灑上少許鹽巴。

酥脆鮭魚皮
🔊)) 20分鐘

鮭魚皮／去鱗
味道中性的植物油

海鹽

做法

烤箱預熱至175度（上下火）。鮭魚皮切塊，放在鋪好烘焙紙的烤盤上，送進烤箱中層烤5分鐘。油在小鍋中加熱至160度，放入鮭魚皮油炸約30秒至酥脆，放在廚房紙巾上瀝油。灑上少許鹽巴。

韭蔥細絲
🎣 10 分鐘

1根韭蔥
味道中性的植物油

做法
韭蔥切成細絲（縱向或橫向切皆可）。油在鍋中加熱至160度，放入韭蔥絲油炸約10秒，取出放在廚房紙巾上瀝油。

炸洋蔥酥
🎣 15 分鐘

200毫升味道中性的植物油　　鹽巴
2顆洋蔥／刨成薄片　　　　　胡椒
1大匙麵粉　　　　　　　　　½小匙甜椒粉

做法
油在鍋中加熱至160度，麵粉、鹽巴、胡椒及甜椒粉混和均勻，放入洋蔥薄片沾上粉末，分批放入油鍋中炸約2分鐘至金黃色，取出放在廚房紙巾上瀝油。

酥脆底板

麵包脆片
🎣 15 分鐘

400克隔夜麵包（例如義大利拖鞋麵包、法式長棍麵包或瑞士扭根麵包）／切成約1.5公釐厚的薄片

做法
烤箱預熱至160度（熱風循環），麵包片放在鋪好烘焙紙的烤盤。送進烤箱烤10–15分鐘，直到完全烤乾，但尚未烤焦。取出麵包放涼。（若想麵包完全平整，可在麵包烤乾前覆蓋一張烘焙紙，上面再放一烤盤壓平。）

米脆片
🎣 40 分鐘 ＋10小時乾燥

250克義大利燉飯米　　　　番茄糊或羅勒／打成泥狀
1.1公升水　　　　　　　　　（可省略）
　　　　　　　　　　　　　味道中性的植物油

做法
將米與水放進鍋中，以中小火煮開，煮到米粒吸滿水分發脹，鍋中不見水，米飯煮得稍微過軟，放進果汁機打成細泥；可用番茄糊或羅勒泥染色。將米飯泥塗在鋪上烘焙紙的烤盤上抹成約1公釐的薄片，送進烤箱中以50度（熱風循環）或食物風乾機中約10分鐘烘乾水分。乾燥的米片掰成小塊，放進180度的熱油中炸，取出後放在廚房紙巾上瀝油。

米紙脆片
🎣 5 分鐘

味道中性的植物油　　　　鹽巴
米紙

做法
油在鍋中加熱至180度，放入米紙炸約10秒鐘，開始膨脹後立即從油鍋中取出，放在廚房紙巾中瀝油。灑上少許鹽巴，視所需掰成合適的大小。

餛飩皮脆餅筒
◎ 12份　🎣 20 分鐘

12張正方形餛飩皮　　　　黑白芝麻各1大匙
1顆蛋白

做法
1 烤箱加熱至160度（上下火），取1餛飩皮，其中一邊邊緣塗上一層薄薄蛋白。塗上蛋白的邊角黏上錐形模尖角，順著模具小心捲起，成為錐形筒。最外邊內面也塗上蛋白黏緊。重複以上方法將所有餛飩皮捲成錐形筒。
2 黑白芝麻放進一小盤中混和均勻。錐形筒縱向塗上一條蛋白，沾上芝麻。將錐形筒放在鋪好烘焙紙的烤盤上，送進烤箱烤4–6分鐘。取出後將餛飩皮從錐形模取下，靜置放涼。

烘炒

焦脆紅蔥瓣
🔊 25 分鐘

4顆紅蔥／去皮　　　　橄欖油
鹽巴

做法

烤箱預熱至180度（上下火）。紅蔥放在大小適中的鋁箔紙上，灑上鹽巴及淋上一點橄欖油。鋁箔紙對折再將三邊摺合，送進烤箱中烤10–15 分鐘，此時紅蔥已熟但尚未變軟。取出紅蔥稍微放涼，對半切，切口朝下放進油鍋中以熱油煎，當切口處煎到焦脆，立即將紅蔥從油鍋取出，一瓣瓣剝開。灑上少許鹽巴。

烘炒鷹嘴豆
🔊 50 分鐘

230克鷹嘴豆／煮熟　　　1小匙甜椒粉／也可用其他口
1大匙橄欖油　　　　　　　味的香料取代
1小撮鹽巴

做法

烤箱預熱至175度（上下火）。鷹嘴豆先用廚房紙巾擦乾，放進碗中與橄欖油混和，再散放於鋪好烘焙紙的烤盤上，送進烤箱烤45–60 分鐘直至香脆，烘烤期間須不時翻面。從烤箱取出後再與鹽巴及甜椒粉混和。

烤櫻桃番茄
🔊 60 分鐘

250克櫻桃番茄　　　　　2大匙橄欖油
1瓣蒜頭／壓碎　　　　　鹽巴
2小枝百里香　　　　　　胡椒
2小枝迷迭香

做法

烤箱預熱至120度（上下火）。番茄、蒜頭、百里香及迷迭香放入烤鍋中並淋上橄欖油，灑上鹽巴及胡椒，送進烤箱中烤約50分鐘。（若時間不夠，可直接用料理噴槍火炙番茄，直到表面幾處焦黑即可。）

馬鈴薯絲餅
🔊 20 分鐘

1顆馬鈴薯　　　　　　　鹽巴
味道中性的植物油

做法

馬鈴薯削皮後，以螺旋刨絲器或刨絲刀刨成細麵狀或長條狀。油在鍋中加熱，馬鈴薯絲一團一團放入油鍋，以鍋鏟輕壓，煎至兩面酥脆微焦。取出後放在廚房紙巾上吸去過多的油脂，灑上少許鹽巴。

美乃滋

黑蒜泥美乃滋
🥄 10 分鐘

1顆蛋
4瓣黑蒜頭／去皮
1小匙檸檬汁
½小匙墨魚汁／可省略

200毫升味道中性的植物油
鹽巴
胡椒

做法

取一瘦高型容器,先將蛋、蒜頭及檸檬汁(如果希望成品為深色,就再加進墨魚汁)攪拌成泥。再繼續攪拌時,一點一點慢慢加入植物油,最後以鹽巴及胡椒調味,放進冰箱待其入味。若美乃滋太過濃稠,可一滴一滴加進溫水攪拌,若不夠濃稠,可再加點植物油攪拌。

西班牙chorizo臘腸美乃滋
🥄 50 分鐘

100克乾燥西班牙chorizo臘腸
300毫升葵花油
1顆蛋黃
1小匙芥末醬

1小匙白酒醋
鹽巴
胡椒

做法

1 將西班牙chorizo臘腸及葵花油放進果汁機打碎,放進鍋中以中小火煮約10分鐘,過篩後靜置待其全涼。篩出來的臘腸塊可作其他用途,例如灑在朝聖扇貝上添加風味。

2 蛋黃與芥末醬放進攪拌杯中以手持攪拌器攪拌均勻後,再繼續攪拌時,一邊慢慢加入臘腸油,混和均勻成平滑的美乃滋。視各人口味以白酒醋、鹽巴及胡椒調味。若美乃滋過度黏稠,可一點一點加進溫水攪拌,若不夠濃稠,可再加點葵花油攪拌。

咖哩美乃滋
🥄 10 分鐘

1顆蛋黃
1小匙芥末醬
120毫升葵花油
1-2小匙咖哩粉

½-1小匙白酒醋
鹽巴
胡椒

做法

蛋黃與芥末醬放進攪拌杯中,以手持攪拌器或攪拌棒攪拌均勻後,再繼續一邊攪拌一邊慢慢加入葵花油,攪拌成均勻平滑的美乃滋後,再拌入咖哩粉。視各人口味以白酒醋、鹽巴及胡椒調味。若美乃滋過度黏稠,可一滴一滴加入溫水攪拌,若不夠濃稠,可再加點葵花油攪拌。

芒果蒜泥美乃滋
🥄 10 分鐘

1瓣蒜頭／去皮
200毫升味道中性的植物油
1顆蛋黃
2大匙芒果泥

1大匙檸檬汁
鹽巴
胡椒

做法

取一鍋將蒜頭放進油中快速加熱,接著靜置待其全涼後取出蒜頭。將蛋黃、芒果泥及一點檸檬汁以攪拌棒攪拌均勻,繼續攪拌時一邊慢慢加入蒜頭油,直到成為平滑的美乃滋。以檸檬汁、鹽巴及胡椒調味。若美乃滋過度黏稠,可一滴一滴加入溫水攪拌,若不夠濃稠,可再加點植物油攪拌。

芒果美乃滋
🕙 10分鐘

½顆芒果　　　　　　½–1小匙白酒醋
1顆蛋黃　　　　　　鹽巴
1小匙芥末醬　　　　胡椒
120毫升葵花油

做法
將芒果打成滑順泥狀。蛋黃及芥末醬以攪拌棒攪拌均勻，繼續攪拌時一邊慢慢加入葵花油，直到成為平滑的美乃滋。拌入芒果泥，視各人口味以白酒醋、鹽巴及胡椒調味。若美乃滋過度黏稠，可一滴一滴加入溫水攪拌，若不夠濃稠，可再加點葵花油攪拌。

味噌美乃滋
🕙 10分鐘

1顆蛋黃　　　　　　1大匙白味噌／也可用
1小匙第戎芥末醬　　　赤味噌取代
200毫升味道中性的植物油　鹽巴
1小匙白酒醋　　　　胡椒

做法
蛋黃及芥末醬以攪拌棒攪拌均勻，繼續攪拌時一邊慢慢加入植物油，直到成為平滑的美乃滋。視各人口味以白酒醋、味噌、鹽巴及胡椒調味。若美乃滋過度黏稠，可一滴一滴加入溫水攪拌，若不夠濃稠，可再加點植物油攪拌。

美乃滋
🕙 10分鐘

1顆蛋黃　　　　　　½–1小匙白酒醋
1小匙芥末醬　　　　鹽巴
120毫升葵花油　　　胡椒

做法
蛋黃及芥末醬放入攪拌杯中，以攪拌棒攪拌均勻，繼續攪拌時一邊慢慢加入葵花油，直到成為平滑的美乃滋。視各人口味以白酒醋、鹽巴及胡椒調味。若美乃滋過度黏稠，可一滴一滴加入溫水攪拌，若不夠濃稠，可再加點葵花油攪拌。

甜菜根美乃滋
🕙 10分鐘

1顆蛋黃　　　　　　½–1小匙白酒醋
1小匙芥末醬　　　　鹽巴
120毫升葵花油　　　胡椒
40毫升甜菜根汁

做法
蛋黃及芥末醬以攪拌棒攪拌均勻，繼續攪拌時一邊慢慢加入葵花油，直到成為平滑的美乃滋。加入甜菜根汁後，再視各人口味以白酒醋、鹽巴及胡椒調味。若美乃滋過度黏稠，可一滴一滴加入溫水攪拌，若不夠濃稠，可再加點葵花油攪拌。

無蛋美乃滋
🕙 10分鐘

40毫升冰的全脂鮮奶　120毫升味道中性的植物油
1小匙芥末醬　　　　鹽巴
1小匙檸檬汁　　　　胡椒

做法
全脂鮮奶、芥末醬及檸檬汁放入攪拌杯，以手持攪拌棒攪拌約30秒，繼續攪拌時一邊慢慢加入植物油，直到成為平滑的美乃滋。攪拌時記得小心上下移動攪拌棒（但不要離開美乃滋），以鹽巴及胡椒調味。

番紅花美乃滋
🕐 10分鐘

1克番紅花　　　　　1小匙白酒醋
1顆蛋黃　　　　　　鹽巴
1小匙芥末醬　　　　胡椒
200毫升葵花油

做法
番紅花以1大匙水溶解。蛋黃及芥末醬以攪拌棒攪拌均勻，繼續攪拌時一邊慢慢加入葵花油，直到成為平滑的美乃滋。加入番紅花溶液，再以白酒醋、鹽巴及胡椒調味。若美乃滋過度黏稠，可一滴一滴加入溫水攪拌，若不夠濃稠，可再加點葵花油攪拌。

山葵美乃滋
🕐 10分鐘

1顆蛋黃　　　　　　鹽巴
1小匙芥末醬　　　　2小匙山葵醬
120毫升葵花油　　　1小匙味醂
½–1小匙白酒醋

做法
蛋黃與芥末醬以攪拌機攪拌均勻，繼續攪拌時一邊慢慢加入葵花油，直到成為平滑的美乃滋。視各人口味加入白酒醋、鹽巴、山葵醬及味醂調味。若美乃滋過度黏稠，可一滴一滴加入溫水攪拌，若不夠濃稠，可再加點葵花油攪拌。

黑色墨魚汁美乃滋
🕐 10分鐘

1顆蛋黃　　　　　　½–1小匙白酒醋
1小匙芥末醬　　　　鹽巴
1–2小匙墨魚汁　　　胡椒
120毫升葵花油

做法
蛋黃、芥末醬及墨魚汁以攪拌棒攪拌均勻，繼續攪拌時一邊慢慢加入葵花油，直到成為平滑的美乃滋。視各人口味以白酒醋、鹽巴及胡椒調味。若美乃滋過度黏稠，可一滴一滴加入溫水攪拌，若不夠濃稠，可再加點葵花油攪拌。

泥、醬&凝膠

茄子醬
🕐 1小時＋2小時浸泡

80克葡萄乾　　　　　　　2瓣蒜頭／切碎
250毫升蔬菜高湯　　　　1大匙番茄糊
植物油／煎炒用　　　　　鹽巴
1個茄子／切丁，約2公分立方　胡椒
1顆洋蔥／切丁

做法
1 葡萄乾放進小碗，淋入燒熱的蔬菜高湯，浸泡約2小時。油在平底鍋中高溫燒熱，放入茄子丁翻炒，直到茄子變成深咖啡色（幾近黑色）為止。放在廚房紙巾上瀝乾。
2 取一鍋以中小火將洋蔥及蒜頭炒7-8分鐘呈金黃色，加入茄子丁、番茄糊、葡萄乾及高湯，蓋上鍋蓋悶煮18–20分鐘，期間偶爾開蓋攪動。煮好後放入果汁機打成濃稠平順的泥，以鹽巴及胡椒調味。

番茄美乃滋
🕐 10分鐘

1顆蛋黃　　　　　　½–1小匙白酒醋
1小匙芥末醬　　　　鹽巴
120毫升葵花油　　　胡椒
2小匙番茄糊

做法
蛋黃與芥末醬以攪拌棒攪拌均勻，繼續攪拌時一邊慢慢加入葵花油，直到成為平滑的美乃滋。拌入番茄糊後再視各人口味以白酒醋、鹽巴及胡椒調味。若美乃滋過度黏稠，可一滴一滴加入溫水攪拌，若不夠濃稠，可再加點葵花油攪拌。

羅勒薄荷青醬
🕙 10分鐘

20克松子仁
50克新鮮羅勒
2大匙新鮮薄荷葉
50克帕瑪森起司／刨薄片

2大匙橄欖油
1瓣蒜頭／去皮
鹽巴

做法
松子仁放進鍋中不加油乾炒至金黃色。各式香草洗淨，再將所有材料放入廚房料理機中或用研磨缽搗成泥，以鹽巴及胡椒調味。

蔓越莓凝膠
🕙 10分鐘　❄ 2小時

300毫升水
150克蔓越莓

200克糖
2.5克洋菜

做法
水在鍋中以中小火煮開，加入蔓越莓及糖後，轉小火繼續煮，直到蔓越莓變軟。加入洋菜，再次煮至沸騰，轉小火再煮2分鐘，打成泥狀並過篩。放入冰箱冷藏約2小時直到凝固，再次以果汁機打散成泥，放進擠花袋備用。

花椰菜泥
🕙 20分鐘

1顆花椰菜／切成小朵
1片月桂葉
1公升全脂牛奶

25克奶油
鹽巴
白胡椒

做法
花椰菜及月桂葉放進鍋中，以牛奶淹蓋，小火煮約15-20分鐘，直到花椰菜變軟。整鍋過篩，牛奶保留下來，除去月桂葉。將花椰菜以攪拌棒打成泥，攪拌時一點一點慢慢加入牛奶，直到適中的濃稠度為止。拌入奶油，以鹽巴及胡椒調味。

豌豆泥
🕙 10分鐘

鹽巴
200克豌豆仁

50克奶油

做法
豌豆仁放進熱鹽水中燙2-3分鐘，撈出放進冰水裡冰鎮，以漏勺撈出。冰涼的豌豆仁放進廚房料理機加點水打成泥。視所需之濃稠度，可多加點水。拌入奶油，再次攪拌成泥，將豌豆泥過篩並調味。

綠花椰菜泥
🕙 20分鐘

鹽巴
1顆綠化椰菜／切成小朵
1大匙奶油

50毫升蔬菜高湯
肉豆蔻
胡椒

做法
將綠花椰菜放在鹽水中煮12-15分鐘直到變軟，趁熱以攪拌棒打成泥，拌入奶油，若太過濃稠，再多加點高湯。以肉豆蔻、鹽巴及胡椒調味。

石榴凝膠
🕙 10分鐘　❄ 2小時

200毫升石榴汁
2克洋菜

做法
石榴汁在鍋中以中小火煮到剩一半的量，加入洋菜，再次煮至沸騰，轉小火再煮2分鐘，置於室溫下放涼，再放進冰箱冷藏至凝結成形，以果汁機打散成泥，裝進擠花袋中，使用前皆存放於冰箱中。

南瓜番薯泥
🕐 30分鐘

200克番薯／去皮　　　150毫升牛奶
400克北海道南瓜　　　胡椒
鹽巴　　　　　　　　　肉豆蔻
1大匙奶油

做法
番薯及南瓜大略切塊，放進沸騰的鹽水中煮約25分鐘，倒掉鹽水，打開鍋蓋待蒸氣散去＊，再搗成泥狀。拌入奶油及牛奶，打成平滑的泥，以鹽巴、胡椒及肉豆蔻調味。

★ 譯註：此一步驟是為了讓番薯及南瓜中多餘的水分散去，以便搗成泥狀。

紫色馬鈴薯泥
🕐 20分鐘

600克小顆紫色馬鈴薯／去皮　鹽巴
150毫升溫牛奶　　　　　　　胡椒
40克奶油　　　　　　　　　　肉豆蔻

做法
馬鈴薯放進水中煮約15分鐘，煮熟後倒掉水，打開鍋蓋待蒸氣散去，再以馬鈴薯壓泥器壓成泥。淋入溫牛奶並拌入奶油，最後以鹽巴、胡椒及肉豆蔻調味。

玉米醬
🕐 10分鐘

2顆紅蔥／切碎　　　　　　　50克液態鮮奶油
1大匙植物油　　　　　　　　50克奶油
1罐玉米罐頭（285克）／　　鹽巴
　倒掉罐頭裡的水　　　　　　胡椒

做法
紅蔥放進油鍋中煎至半透明，加入玉米粒拌炒2-3分鐘，倒入鮮奶油，以攪拌棒打成泥，過篩，加入奶油，再以鹽巴及胡椒調味。

帕瑪森起司醬
🕐 45分鐘　❄ 1小時

150克帕瑪森起司／刨薄片　　100毫升水
100毫升牛奶　　　　　　　　4顆蛋／打散

做法
將帕瑪森起司、牛奶及水放進鍋中，在中小火不斷攪拌下加熱，直到帕瑪森起司融化。再降低溫度且不斷攪拌下加入蛋液，邊攪拌邊加熱約10分鐘，直到起司團溫度達到85度，且開始結塊（可能會出現顆粒）。過篩去掉水分，在室溫下放涼，再放入冰箱中冷藏1小時。再以手持攪拌器將其攪拌得均勻平滑，裝入擠花袋中，使用前放進冰箱使其較為凝固。

甜菜根凝膠
🕐 20分鐘　❄ 2小時

500毫升甜菜根汁　　　　　　胡椒
50克巴薩米可醋　　　　　　　約1小匙糖
鹽巴　　　　　　　　　　　　2.5克洋菜

做法
甜菜根汁在鍋中以中小火煮到剩一半的量，加入巴薩米可醋，以鹽巴、胡椒及糖調味。加入洋菜，再次煮至沸騰，轉小火再煮2分鐘，置於室溫下放涼，再放進冰箱冷藏2小時凝結。再以果汁機打散成泥，裝進擠花袋中，使用前皆存放於冰箱中。

甜菜根馬鈴薯泥
🕐 20分鐘

6顆中型粉質馬鈴薯／去皮　　約150毫升牛奶
4顆甜菜根　　　　　　　　　胡椒
鹽巴

做法
馬鈴薯切半，與甜菜根一起放進煮沸的鹽水中煮30-35分鐘。將水倒掉，取出甜菜根削皮切丁。兩者一起搗成泥狀，一邊加入牛奶，直至濃稠度適中為止。以鹽巴及胡椒調味。

食譜 — 鹹味裝飾元素

甜菜根泥
🕒 45分鐘

1大匙奶油　　　　　　　40克奶油
1顆洋蔥／切丁　　　　　鹽巴
600克甜菜根／切丁　　　胡椒
1公升蔬菜高湯

做法
奶油在鍋中融化，放入洋蔥及甜菜根丁翻炒。倒入蔬菜高湯
以中小火悶煮，直到甜菜根變軟。過篩，留下高湯，其餘所
有食材放進廚房料理機中打成平滑泥狀，若太濃稠可加入高
湯。以鹽巴及胡椒調味。

芥末醬
🕒 10分鐘

1大匙白酒醋　　　　　　鹽巴
1大匙中辣芥末醬　　　　胡椒
¼小匙糖　　　　　　　　5克細香蔥／切成細蔥花
2顆蛋黃　　　　　　　　（可省略）
200毫升味道中性的植物油

做法
白酒醋、芥末醬、糖及蛋黃在一高瘦型攪拌杯中以攪拌棒打
至平順光滑，期間一邊攪拌一邊慢慢加入植物油，最後以鹽
巴及胡椒調味。喜歡的話還可以加入蔥花。

酸種麵包醬
🕒 25分鐘

250克酸種麵包／大致切丁　20克奶油
植物油　　　　　　　　　　鹽巴
60克紅蔥／切成圈　　　　　胡椒
150毫升液態鮮奶油

做法
烤箱預熱至220度（上下火）。將麵包放在烤盤上，送進烤
箱烤約15分鐘至金黃酥脆。取一鍋將油以中小火燒熱，放進
紅蔥翻炒至金黃色，加入麵包丁及鮮奶油，並淋入350毫升
的水，加熱至沸騰。轉小火降溫，繼續煮幾分鐘，直到麵包
變軟。加入奶油放進果汁機打成平順光滑的泥，以鹽巴及胡
椒調味。

菠菜凝膠
🕒 20分鐘

1顆洋蔥／切丁　　　　　鹽巴
1大匙植物油　　　　　　胡椒
500克嫩菠菜　　　　　　肉豆蔻

做法
洋蔥在油鍋中以中小火炒至半透明。嫩菠菜在沸水中汆燙約
1分鐘，倒掉熱水，放進冰水中冰鎮。將菠菜擠乾，與洋蔥
一起打成泥狀，以鹽巴、胡椒及肉豆蔻調味。

菠菜泥
🕒 15分鐘

1顆洋蔥／切碎　　　　　鹽巴
1瓣蒜頭／切碎　　　　　胡椒
1大匙葵花油　　　　　　蔬菜高湯／視需要添加
500克嫩菠菜

做法
洋蔥及蒜頭在油鍋中以中小火炒至半透明，加入嫩菠菜翻炒
至軟。放進果汁機中打成細泥，期間一點一點加入高湯，直
到濃稠度適中。

根芹菜泥
🕒 20分鐘

150毫升牛奶　　　　　　鹽巴
200克液態鮮奶油　　　　胡椒
1顆根芹菜／切丁

做法
50毫升水、牛奶、鮮奶油及根芹菜在鍋中煮至沸騰，轉小
火，煮約15分鐘直至根芹菜變軟。過篩，汁液保存下來。根
芹菜放進果汁機中打成平滑泥狀，若太濃稠可加入烹煮的汁
液。以鹽巴及胡椒調味。

番薯泥
🔊 35分鐘

500克番薯／大致切丁　　50克奶油
2瓣蒜頭／去皮　　　　　1小撮肉豆蔻
500毫升蔬菜高湯　　　　鹽巴
60克液態鮮奶油　　　　　胡椒

做法
番薯、蒜頭及蔬菜高湯在鍋中以中小火煮到番薯變軟，過篩，並留下高湯。番薯、蒜頭、奶油及鮮奶油以廚房料理機攪拌成平滑泥狀，期間視需要加入高湯。以肉豆蔻、鹽巴及胡椒調味。

洋蔥醬
🔊 25分鐘

50克奶油　　　　　　　100克法式酸奶油
350克洋蔥／切丁　　　　鹽巴
1小枝百里香　　　　　　胡椒

做法
奶油在鍋中一邊低溫加熱，一邊打發至蓬鬆發泡，加入洋蔥及百里香繼續以小火烹煮，直到洋蔥變軟。加入法式酸奶油，再繼續煮約5分鐘左右。過篩，將汁液倒入一小鍋，繼續以中小火煮至剩下一半的量。拿掉百里香，洋蔥放進果汁機打成泥，邊打邊加入汁液，直到濃稠度適中。以鹽巴及胡椒調味。

胡蘿蔔裝飾

胡蘿蔔脆片
🔊 30分鐘

4根胡蘿蔔／削皮　　　　¼小匙鹽巴
1小匙橄欖油

做法
烤箱預熱至200度（上下火）。胡蘿蔔以蔬菜刨刀刨成長條，放進大碗中淋上橄欖油攪拌，再平放於鋪好烘焙紙的烤盤上，灑上鹽巴，送進烤箱烤約20分鐘直至酥脆，期間記得翻面。

醃漬胡蘿蔔
🔊 30分鐘

500克胡蘿蔔　　　　　　150克糖
鹽巴　　　　　　　　　　1大匙芥末籽
150毫升白酒醋

做法
胡蘿蔔削皮，切片，放進鹽水中煮，不要煮到全熟，保持仍有咬感的程度。撈起後放進冰水中冰鎮，再裝進消毒好的玻璃醃漬罐中。250毫升的水中加進醋與糖，再加入½小匙鹽巴煮沸，放入芥末籽，將汁液倒進胡蘿蔔裡。蓋緊蓋子，靜置放涼，直到食用前皆放置冰箱保存。

胡蘿蔔細緻泡沫
🕐 30分鐘

3張吉利丁片
600毫升胡蘿蔔汁
100毫升柳橙汁
250克胡蘿蔔／大致切塊

2根西洋芹／大致切段
1根檸檬香茅／擠壓使表面破損

做法
吉利丁片在冷水中泡軟。胡蘿蔔汁、柳橙汁、胡蘿蔔、西洋芹及檸檬香茅放入鍋中，不蓋鍋蓋，以小火煮約10分鐘。過篩，留下500毫升的汁液，將吉利丁片擠乾放進汁液中融化，再次過篩，裝進奶油槍中（容量500毫升）。裝上2顆氣彈，每加入1顆都要用力搖晃。放入冰箱中冷藏。

胡蘿蔔凍加細香蔥
🕐 1小時

3張吉利丁片
300毫升胡蘿蔔汁

3克洋菜
3大匙細香蔥蔥花

做法
吉利丁片在冷水中泡軟。胡蘿蔔汁及洋菜放入鍋中煮沸，轉小火煮約2分鐘。吉利丁片擠乾放進胡蘿蔔汁中再次煮沸。將煮好的胡蘿蔔汁倒在一耐熱的塑膠托盤上，薄薄一層分布均勻，灑上蔥花，擺盤前皆放在冰箱保存。

細香蔥捆胡蘿蔔長條
🕐 20分鐘

400克胡蘿蔔／削皮並切成細絲
鹽巴

5克細香蔥／汆燙
25克奶油／融化

做法
胡蘿蔔細絲在鹽水中煮，在仍有咬感時便撈起。將細絲分成幾小份，頭尾切成長短一致，再以細香蔥捆住。上菜前可再放進熱水中加熱，最後淋上奶油。

糖衣胡蘿蔔
🕐 15分鐘

2捆迷你胡蘿蔔
30克奶油
3小匙蜂蜜

鹽巴
胡椒

做法
胡蘿蔔削皮，但留下一小截綠梗。奶油在鍋中加熱融化，放入胡蘿蔔以小火加蓋悶煮約6-8分鐘，期間加入2-3大匙水，在快煮好時再拌入蜂蜜，攪拌均勻，以鹽巴及胡椒調味。

胡蘿蔔凝膠
🕐 2.5小時

400克胡蘿蔔
鹽巴

1小匙薑／磨碎
2克洋菜

做法
胡蘿蔔削皮，切片，放進鹽水中煮，在仍有咬感時便撈起，加上薑泥及一點煮胡蘿蔔的水打成泥狀，再以1小撮鹽巴調味。放進鍋中加入洋菜煮沸，轉小火再煮2分鐘。在室溫下放涼，再放進冰箱中冷藏約2小時，直到凝結。再以果汁機打散成泥，裝進擠花袋中備用，使用前皆放置冰箱。

糖漬胡蘿蔔
🕐 45分鐘

3根胡蘿蔔／削皮
350克糖

做法
烤箱預熱至110度（上下火）。胡蘿蔔以蔬菜切片器削成長條，250毫升的水加糖在鍋中以中小火煮沸，放入胡蘿蔔長條，小火煮15分鐘，取出後瀝乾。將煮好的胡蘿蔔長條放在鋪好烘焙紙的烤盤上，放進烤箱烤約15分鐘，期間偶爾翻面，取出後放涼。

胡蘿蔔芝麻醬
🕐 40分鐘

500克胡蘿蔔／削皮，大致切塊　　1小匙檸檬汁
2小匙橄欖油　　　　　　　　　　鹽巴
2大匙中東芝麻醬　　　　　　　　胡椒

做法
烤箱預熱至200度（上下火）。胡蘿蔔塊放在烤盤，淋上1小匙橄欖油，放進烤箱烤30–35分鐘，直到顏色變深。將烤好的胡蘿蔔、中東芝麻醬、檸檬汁、1小匙橄欖油及1小撮鹽巴放進果汁機中打成平滑細泥，以鹽巴及胡椒調味。

胡蘿蔔美乃滋
🕐 20分鐘

鹽巴　　　　　　　　　　　　　　70毫升植物油
1顆馬鈴薯／削皮，大致切丁　　　1小匙檸檬汁
400克胡蘿蔔／削皮，大致切丁　　胡椒

做法
鹽水煮沸，放入馬鈴薯及紅蘿蔔12–15分鐘煮軟。趁熱以果汁機打成泥，加入橄欖油及檸檬汁至少繼續攪拌1分鐘，直到成為濃稠泥狀，以鹽巴及胡椒調味。

胡蘿蔔慕斯
🕐 4.5小時

3張吉利丁片　　　　　　　　　　鹽巴
300克胡蘿蔔／削皮，切片　　　　100毫升液態鮮奶油
1大匙橄欖油　　　　　　　　　　10毫升牛奶
1瓣蒜頭／切碎　　　　　　　　　4個圓形模具（直徑約6公分）
½小匙孜然

做法
1　吉利丁片放在冷水中軟化。胡蘿蔔放在鹽水中煮約15分鐘直到極軟，倒掉鹽水。
2　取一平底鍋將油燒熱，放入蒜頭及胡蘿蔔炒幾分鐘，加入孜然混和均勻，以鹽巴調味。將鍋中物放入果汁機中打成細泥，放涼。打發鮮奶油，牛奶在小鍋中加熱，放入擠乾的吉利丁片，攪拌直至吉利丁片溶解於熱牛奶之中。

3　1大匙胡蘿蔔泥放進熱牛奶中攪拌均勻，接著邊攪拌邊慢慢加入所有胡蘿蔔泥，最後一匙一匙小心拌入打發的鮮奶油中。
4　每個圓形模具內圈套上裁好的投影片長條。將拌好的胡蘿蔔慕斯倒入圈中，仔細抹平，放入冰箱冷藏約4小時，待其凝固。

炸胡蘿蔔條
🕐 30分鐘

2根胡蘿蔔／削皮　　　　　　　　1小匙鹽巴
2大匙橄欖油　　　　　　　　　　1小匙胡椒
1小匙甜椒粉

做法
烤箱預熱至220度（上下火）。胡蘿蔔切成長條，放入大碗中與橄欖油、鹽巴及胡椒混和均勻。放在鋪好烘焙紙的烤盤上送進烤箱烤20–25分鐘，過程中記得翻面。

胡蘿蔔泥
🕐 20分鐘

鹽巴　　　　　　　　　　　　　　肉豆蔻
500克胡蘿蔔／削皮切大塊　　　　胡椒
約50毫升蔬菜高湯　　　　　　　　1小匙楓糖漿／可省略
1大匙奶油

做法
鹽水煮沸，放入紅蘿蔔12–15分鐘煮軟，鹽水倒掉，趁熱加入高湯放進果汁機中攪拌成泥。拌入奶油，若太黏稠，可再加點高湯攪拌。以肉豆蔻、鹽巴、胡椒及楓糖漿（可省略）調味。

胡蘿蔔絲餅
🕐 15分鐘

750克胡蘿蔔／大致刨絲　　1小撮鹽巴
薑（3公分）／磨成泥　　　胡椒
1顆蛋／打散　　　　　　　味道中性的植物油
5大匙麵粉

做法

烤箱預熱至200度（上下火）。胡蘿蔔絲及薑泥用棉布包住盡量將水擠出，放入攪拌盆中，與蛋及麵粉混和，加入鹽巴及胡椒攪拌。取一平底鍋將油以中小火燒熱，以湯匙挖出一份胡蘿蔔絲放入油鍋中煎，並以湯匙壓平，每面煎3–4分鐘直至金黃色。

胡蘿蔔海綿
🕐 20分鐘

4顆蛋　　　　　　80克奶油／融化
75克麵粉　　　　 1小撮鹽巴
30克糖　　　　　 2大匙胡蘿蔔泥／做法請見胡蘿蔔
　　　　　　　　　泥，頁241

做法

將所有食材放入果汁機中打成平順的奶霜，過篩，倒入奶油槍中（容量500毫升），裝上1顆氣彈，用力搖晃至少1分鐘。將胡蘿蔔奶霜擠壓進紙杯或其他可放進微波爐的容器，以最高功率微波40秒。

羅勒油
🕐 35分鐘＋1星期浸泡

1把羅勒　　　　　　1根乾辣椒莢／可省略
1瓣蒜頭／去皮　　　200毫升橄欖油

做法

羅勒洗淨瀝乾，摘下葉子。蒜頭、羅勒葉及辣椒莢放進鍋中，倒進橄欖油，以小火加熱約30分鐘（不要煮沸）。取一用熱水沖洗過的鐵蓋玻璃罐，將羅勒油倒入，立即蓋緊，靜置1星期待其入味。打開後將羅勒油過篩，裝進消毒過的鐵蓋玻璃罐保存。

薄荷油
🕐 5分鐘

1把薄荷
200毫升味道中性的植物油

做法

薄荷在沸水中汆燙約45秒，取出立即放進冰水冰鎮，再以廚房紙巾擦乾。將油及薄荷一起放進攪拌杯中，以手持攪拌棒打碎，過篩，將油裝進消毒過的鐵蓋玻璃罐保存。

歐芹油
🔊 5分鐘

1把歐芹／去掉粗莖，大致切碎　　鹽巴
200毫升味道中性的植物油

做法
歐芹在沸騰的鹽水中汆燙約5秒，撈出後立即放進冰水中，再以廚房紙巾仔細擦乾。將歐芹、油及1/4小匙鹽巴一起放進果汁機拌打均勻。以細濾網將油過篩，再裝進消毒過的鐵蓋玻璃罐保存。

細香蔥油
🔊 10分鐘

1把細香蔥／大致切段　　200毫升植物油
20克菠菜葉

做法
細香蔥及菠菜葉加入植物油放進果汁機，以最高速攪拌，直到所有食材混和均勻。再以細濾網過篩，裝進消毒過的鐵蓋玻璃罐保存。

泡沫

羅勒泡沫
🔊 5分鐘

240毫升水　　　　　　2克卵磷脂
1把羅勒

做法
所有食材放在大盆中以手持攪拌棒拌打均勻，再持續攪拌1分鐘，直到出現泡沫。攪拌時要提高攪拌棒，淺淺地插入食材內，以稍微傾斜的角度拌打。取出的泡沫應立即使用。

琴通寧泡沫
🔊 10分鐘

150毫升通寧水　　　　200克蛋白
50毫升琴酒　　　　　　2克三仙膠

做法
所有食材放在大盆中以攪拌棒攪拌均勻，過篩倒入奶油槍中（容量500毫升），裝上2顆氣彈，每裝入1顆就要用力搖晃。放置冷藏。

孜然泡沫
🔊 5分鐘

110克法式酸奶油　　　　4克鹽巴
220毫升魚高湯　　　　　4克卵磷脂
5克孜然

做法
將所有食材放進鍋中以攪拌棒攪拌1分鐘後加熱，注意溫度不要超過40度。再繼續用攪拌棒攪拌，直到出現泡沫。攪拌時要提高攪拌棒，淺淺地插入食材內，以稍微傾斜的角度拌打。取出的泡沫應立即使用。

甜味裝飾元素

脆酥物

彩色糖漿裝飾
🥄 50分鐘

葡萄糖漿
食用色素

做法

烤箱預熱至140度（上下火）。糖漿與食用色素混和，糖漿若太過濃稠，可放進微波爐微波約10秒即可。染好色的糖漿倒在鋪好烘焙紙的烤盤上，並將其抹平，送進烤箱烤約30–40分鐘。烤好後取出放涼，掰成小塊，放進密封盒中保存。

榛果酥
🥄 20分鐘

100克綜合堅果／例如榛果、　　100克糖
　葵花籽、南瓜籽　　　　　　香草精

做法

將各式堅果搗成碎粒。糖放進鍋中以小火加熱融化，一旦焦糖化後立刻關火移開鍋子。將各式堅果及香草精拌入焦糖裡攪拌，再倒到鋪好烘焙紙的烤盤上，並趁熱抹平。待涼後可用壓模壓出各種形狀，例如圓形，或者放涼後直接掰成小塊，放進密封盒中保存。

覆盆子脆酥
🥄 5分鐘

1小匙覆盆子粉　　　　　　50克膨化穀物／例如米、
100克白巧克力／融化　　　　斯佩耳特小麥或莧籽

做法

所有食材混和均勻，倒在烘焙紙上抹平，待涼後掰成小塊。

冰晶糖榛果
🥄 15分鐘

100克糖　　　　　　　　100克榛果仁／烘炒過
2大匙水

做法

糖與水在鍋中以中小火煮至沸騰，期間不要攪拌。加入榛果仁，開始攪拌，直到糖漿開始結晶，並黏裹在榛果仁表面。放在烘焙紙上，將堅果一顆顆分開、放涼。

焦糖餅乾
🥄 15分鐘

焦糖糖果／例如偉特糖

做法

烤箱預熱至140度（上下火）。將糖果間隔開來一一擺在鋪好烘焙紙的烤盤上，送進烤箱烤約5–7分鐘，直到糖果融化散開。從烤箱取出後放涼。

完美擺盤

焦糖爆米花
🔊 15分鐘

50克乾玉米粒	300克糖
75毫升植物油	75毫升水
½小匙鹽巴	75克奶油

做法

1. 先試著將3顆玉米粒放進油鍋中以中小火加熱，若是成功爆開，就將其他的玉米粒放入油鍋。輕輕搖晃鍋子，使玉米粒均勻散布於鍋中，蓋上鍋蓋等玉米爆開，期間不時輕搖鍋子。等所有玉米都爆開後，關火移開鍋子，將爆米花放進大碗中，灑上少許鹽巴。
2. 糖與水在鍋中加熱，期間不斷攪拌，直到糖完全溶解便停止攪拌。繼續加熱，直到糖漿變成金黃色。關火移開鍋子，加入奶油攪拌均勻，最後小心拌入爆米花。

蛋白霜片
🔊 1小時

2顆蛋白	75克糖
1小撮鹽	75克細糖粉／過篩

做法

烤箱預熱至110度（熱風循環）。將蛋白及鹽巴以手持攪拌器打發至硬性發泡，攪拌期間將糖一點一點加進去，之後再小心將細糖粉拌進硬性發泡的蛋白霜中。蛋白霜以刮板抹在鋪好烘焙紙的烤盤上，送進烤箱烤約40分鐘。待涼後掰成小塊，裝在密封盒中保存。

開心果酥粒
🔊 5分鐘

25顆開心果仁／搗碎	1大匙奶油／融化
3小匙粗糖	

做法

將開心果仁、粗糖及奶油一起攪拌，直到上桌前都放冰箱冷藏，使用前掰成小塊。

芝麻脆餅
🔊 15分鐘

70克細糖粉	20克奶油／融化
20克麵粉	25毫升柳橙汁
25克黑白芝麻混和	

做法

烤箱預熱至200度（上下火）。將細糖粉、麵粉、黑白芝麻、融化的奶油及柳橙汁一起攪拌，以湯匙挖成一團團放在鋪好烘焙紙的烤盤上，並壓成圓形，保留足夠的間隔。送進烤箱烤約5分鐘，直到變成金黃色，取出放涼，裝在密封盒中保存。

巧克力的世界

巧克力調溫法

為了讓巧克力裝飾看起來不要那麼黯淡，而是擁有誘人的光澤及可口的脆度，就必須幫巧克力調溫。要達到這個目標必須先將巧克力融化，待涼之後再次加溫，做法如下：巧克力切塊，2/3放進金屬盆中，以水浴法隔水加熱，在持續的攪拌下慢慢融化。其中牛奶巧克力及白巧克力加溫至40–45度，50%黑巧克力則要45–50度。當巧克力到達所需溫度後，將金屬盆從熱水中移開，再放入剩下的巧克力，持續攪拌直到溫度降至26–28度為止。再次慢慢加熱，直到巧克力達到30–33度即成，可立即使用。

焦糖化白巧克力
🔊 25分鐘

100克白巧克力

做法

烤箱預熱至160度（上下火）。將巧克力切碎，放在鋪有烘焙紙的烤盤上，送進烤箱烤約10分鐘，以鍋鏟翻面，繼續烤10分鐘待其焦糖化。從烤箱取出後放涼。

巧克力醬
🥄 15分鐘

80克細糖粉	200克榛果仁／烘炒過
400克鮮奶油	175克黑巧克力*／大致切丁

做法

細糖粉以1大匙水在鍋中加熱，待糖全部溶解後，不要攪拌，繼續煮4–5分鐘變成焦糖。加入鮮奶油，攪拌，拌入榛果仁，在果汁機中打成平滑泥狀，趁熱拌入巧克力。若太過濃稠，可以再加點鮮奶油攪拌。

★ 譯註：德國黑巧克力一般指可可成分超過60%。

巧克力脆酥
🥄 15分鐘

25克可可粉	90克紅糖
50克德制405型麵粉	75克冰奶油

做法

烤箱預熱至180度（上下火）。可可粉、麵粉、紅糖及冰奶油揉成奶酥，放在鋪有烘焙紙的烤盤上，送進烤箱烤約8分鐘。取出後放涼。

巧克力碎石土
🥄 25分鐘

50克糖	35克可可粉
50克杏仁粉	60克奶油／融化
30克德制405型麵粉	可可粒／可省略

做法

烤箱預熱至160度（上下火）。所有食材混和攪拌均勻，放在鋪有烘焙紙的烤盤上，送進烤箱烤約20分鐘，期間不時翻面。烤好後取出後放涼。喜歡的話，還可以將切碎的可可粒混在裡面。

白巧克力碎粒
🥄 15分鐘

110克水	75克白巧克力
100克糖	

做法

水與糖放進鍋中加熱至145度。等待期間，將白巧克力隔水加熱融化，當糖漿達到所需溫度時，將液體巧克力放進深型攪拌盆中以手持攪拌器高速攪拌，一邊慢慢加入糖漿，持續攪拌，直到巧克力變硬成為碎粒為止。放進密封盒中保存。

奶醬＆凝膠

黑醋栗甘納許
🥄 15分鐘　❄ 2小時

200克白巧克力
100克黑醋栗果醬

做法

白巧克力與果醬一起隔水加熱，待其融化後打成泥，放進冰箱冰幾小時，再以手持攪拌器打發至顏色變淡為止。

香緹鮮奶油
🥄 30分鐘　❄ 1小時

80克白巧克力	½香草莢裡的香草籽
250克鮮奶油	75克馬斯卡彭起司

做法

白巧克力、鮮奶油及香草籽一起加熱，偶爾攪拌，直到巧克力融化為止。放涼，加入馬斯卡彭起司，放進冰箱冷藏1小時。取出後，以手持攪拌器打發至硬性發泡。

鹽味焦糖醬
 ## 檸檬凝乳

🥄 15分鐘

🥄 15分鐘　❄ 3小時

50毫升水	120克液態鮮奶油
200克糖	½小匙鹽巴
90克奶油	

200毫升檸檬汁	80克奶油／切成小丁
200克糖	30克麵粉
4顆蛋	

做法

水與糖放在鍋裡以小火加熱，期間偶爾攪拌，待糖全部溶解後，不再攪拌，以中小火繼續煮到變成金黃色。關火移開鍋子，先加入奶油，再拌入鮮奶油，最後加鹽巴攪拌。

做法

所有食材倒入金屬盆中攪拌，在以小火持續燒開的熱水中隔水加熱約6–9分鐘，期間不斷攪拌，直到汁液變得濃稠。移開攪拌盆，將濃稠的汁液以細濾網過篩，裝進消毒好的小玻璃罐中，待涼，放進冰箱保存。

 ## 覆盆子凝膠
 ## 芒果凝膠

🥄 20分鐘　❄ 2小時

🥄 15分鐘　❄ 2小時

200毫升覆盆子汁
2克洋菜

200毫升芒果汁
2克洋菜

做法

果汁倒入鍋中以中小火煮到剩下一半的量，加入洋菜，煮至沸騰，以小火繼續煮2分鐘。關火，在室溫中待涼，再放入冰箱冷藏約2小時，直到汁液凝固。取出後再以果汁機打散成泥，裝進擠花袋中備用。使用前須冷藏。

做法

果汁倒入鍋裡以中小火煮到剩下一半的量，加入洋菜，煮至沸騰，以小火繼續煮2分鐘。關火，在室溫中待涼，再放入冰箱冷藏約2小時，直到汁液凝固。取出後再以果汁機打散成泥，裝進擠花袋中備用。使用前須冷藏。

 ## 醋栗凝膠
 ## 柳橙果漿

🥄 20分鐘　❄ 2小時

🥄 15分鐘

200毫升醋栗汁
2克洋菜

2大匙糖	¼小匙玉米粉
250毫升柳橙汁	

做法

果汁倒入鍋裡以中小火煮到剩一半的量，加入洋菜，煮至沸騰，以小火繼續煮2分鐘。關火，在室溫中待涼，再放入冰箱冷藏約2小時，直到汁液凝固。取出後再以果汁機打散成泥，裝進擠花袋中備用。使用前須冷藏。

做法

糖在鍋中以小火加熱到出現焦糖化現象，馬上倒入柳橙汁洗鍋收汁，煮到剩下125毫升的量，加入玉米粉使其濃稠。

脆片、脆餅筒類裝飾元素

酥皮脆餅
🕐 20分鐘

2大匙細糖粉
1張酥皮

做法

烤箱預熱至140度（上下火）。細糖粉過篩灑於工作檯上，擀開酥皮片，灑上細糖粉，再繼續擀，直到變成薄片為止，期間不時灑點細糖粉。酥皮放在鋪好烘焙紙的烤盤上，送進烤箱烤10–15分鐘，直到酥脆且變成金黃色。取出後放涼，掰成小塊。

可可香橙餅
🕐 20分鐘 ❄ 1小時

40克德制405型麵粉
150克糖
60毫升柳橙汁
40克奶油／融化
56克可可粒

做法

麵粉、糖、柳橙汁及奶油放進碗中攪拌均勻，拌入可可粒，揉成麵團，放入冰箱中冷藏1小時。烤箱預熱至190度（上下火），以湯匙挖麵團，一小團一小團放在鋪好烘焙紙的烤盤上，把麵團壓平，送進烤箱烤約10分鐘變成淺棕色。取出後放涼，若不馬上使用，放進密封容器中保存。

可可脆餅筒
◎ 7個 🕐 30 分鐘

75毫升柳橙汁
100克果醬糖（Gelling sugar）1：1
500克奶油
20克葡萄糖
30克德制405型麵粉
5克可可粉
35克糖椰子粉
15克榛果仁／烘炒過

做法

1 烤箱預熱至180度（上下火）。柳橙汁、果醬糖、奶油及葡萄糖放入鍋中，邊加熱邊攪拌直至沸騰，移開鍋子，拌進麵粉及可可粉，再煮2–3分鐘。關火，移開鍋子，拌入可可粉及榛果仁，待涼。

2 取一張烘焙紙，以鉛筆畫出幾個直徑約20公分的圓，並在圓與圓之間保持固定距離。將烘焙紙翻面放在烤盤上，每個圓圈擺上25克左右的麵糊並抹平成圓扁狀，送進烤箱烤4–5分鐘。取出烤盤，將圓餅圍著錐形模捲起，並使兩端重疊。放涼，裝進密封容器中保存。

椰子香橙脆餅筒
◎ 7個 🕐 30 分鐘

75毫升柳橙汁
100克果醬糖1：1
500克奶油
20克葡萄糖
30克德制405型麵粉
50克糖椰子粉

做法

1 烤箱預熱至180度（上下火）。柳橙汁、果醬糖、奶油及葡萄糖放入鍋中，邊加熱邊攪拌直至沸騰，移開鍋子，拌進麵粉，再煮2–3分鐘。關火，移開鍋子，拌入椰子粉，待涼。

2 取一張烘焙紙，以鉛筆畫出幾個直徑約20公分的圓，並在圓與圓之間保持固定距離。將烘焙紙翻面放在烤盤上，每個圓圈擺上25克左右的麵團並抹平成圓扁狀，送進烤箱烤4–5分鐘。取出烤盤，將圓餅圍著錐形模捲起，並使兩端重疊。放涼，裝進密封容器中保存。

馬卡龍

◎ 24個　🕐 40 分鐘＋30分鐘乾燥

50克杏仁子／氽燙，磨碎　　　13克糖
50克細糖粉　　　　　　　　　食用色素／粉末或膏狀，
30克蛋白／保存不超過3-5天　　　顏色隨意

做法

1　取一張烘焙紙，以鉛筆畫出幾個直徑約3.5公分的圓，並在圓與圓之間保持固定距離，將烘焙紙翻面放在烤盤上。杏仁子及細糖粉以廚房料理機磨成極細的粉末，過篩放入攪拌盆中。蛋白以手持攪拌器打至出現泡泡，一點一點加入糖，繼續打發成硬性發泡。若想染色，打發期間小心加入食用色素。以麵粉刀小心將蛋白霜拌入杏仁子及細糖粉末中，並攪拌至平滑黏稠的麵糊。

2　將麵糊裝進擠花袋中，在烘焙紙上的圓圈內擠出分量相同的麵糊。為了避免出現氣泡，以及表面保持光滑，將烤盤提高到離工作檯約10公分的高度，放手落下。接著讓麵糊靜置約30分鐘，使其乾燥不黏手，表面結皮。

3　等待期間，將烤箱預熱至160度（熱風循環），送進麵糊烤約13分鐘，時間過半時取出烤盤，將溫度調至180度後再將烤盤送進烤箱繼續烤。烤好後取出，將烘焙紙從烤盤上移開，放在散熱架上10分鐘待涼。

開心果馬卡龍

🕐 40 分鐘＋30分鐘乾燥

如上則馬卡龍食譜所述，將50克氽燙且磨碎的杏仁子改以25克氽燙且磨碎的杏仁子與25克開心果取代，並添加少許的綠色食用色素。開心果、杏仁子及細糖粉以廚房料理機磨成極細的粉末，但小心不要磨過頭變成糊狀，製作馬卡龍的開心果粉質地要像麵粉一樣。

堅果巧克力煎餅

🕐 20 分鐘

100克奶油　　　　　　　　　2顆蛋白
170克糖　　　　　　　　　　80克夏威夷果仁／大致切碎
3大匙液態蜂蜜　　　　　　　70克榛果仁／大致切碎
60克德制405型麵粉　　　　　80克黑巧克力（50%）／
　　　　　　　　　　　　　　　　大致切碎

做法

烤箱預熱至180度（上下火）。奶油、糖、蜂蜜、麵粉及蛋白攪拌均勻，揉成一光滑麵團。將麵團放在鋪好烘焙紙的烤盤上擀成薄薄一片，灑上夏威夷果仁、榛果仁及巧克力，放進烤箱烤10-12分鐘，直到麵團酥脆並呈淺棕色。取出放涼，掰成小塊。

開心果波浪片

🕐 15 分鐘

1張布里克（Brick）麵皮　　　1小匙開心果仁／切碎
1大匙奶油／融化

做法

烤箱預熱至180度（上下火）。麵皮塗上厚厚的奶油，切成一條條約2×18公分的長條，灑上開心果仁碎粒。取三根可放進烤箱的小圓柱平躺在烤盤上，將麵皮長條掛在第一根圓柱上，壓在第二根圓柱下，再掛在第三根圓柱上，如此形成波浪狀。將麵皮兩端以重物壓住，放進烤箱烤5-7分鐘呈金黃色。

鮮果風味

水果薄餅
🖐 40分鐘

120克水果泥／例如芒果或覆盆子	60克德制405型麵粉
100克糖	60克奶油

做法

烤箱預熱至130度（上下火）。所有食材混和在一起揉成麵團。將麵團放在鋪好烘焙紙的烤盤上擀成薄薄一片，送進烤箱烤約30分鐘直到酥脆。取出後放涼。

果泥乾
🖐 5小時

新鮮水果或漿果／例如芒果、草莓或覆盆子

做法

將水果或漿果打成泥，倒在鋪好烘焙紙的烤盤上塗成薄薄一片。送進烤箱中以50-80度（熱風循環）烤幾個小時直至乾燥。當表面變硬，且摸起來不再黏手，果泥乾就完成了。

柑橘類水果乾
🖐 15分鐘＋3小時乾燥

1顆檸檬	100毫升水
1顆柳橙	5克檸檬酸
100克糖	

做法

烤箱預熱至100度（熱風循環），柑橘類水果切成1-2公分的薄片。糖與水在鍋中煮至沸騰，再煮2-3分鐘，關火，移開鍋子，加入檸檬酸，並將水果切片放入糖漿中浸泡幾分鐘。取出水果切片，瀝乾，放在鋪好烘焙紙的烤盤上，送進烤箱中烤約3小時直至乾燥。取出放涼。

半透明西洋梨脆片
🖐 50分鐘

1顆西洋梨	130克糖
250毫升水	

做法

未削皮的西洋梨以切肉機切成約2公釐厚的水果片。水與糖在鍋中偶爾攪拌煮至沸騰，待糖全部溶解，轉小火，降低溫度，將梨片一片一片放進鍋中，煮8-10分鐘，直到梨肉變成半透明。關火，移開鍋子，靜置放涼。烤箱預熱至135度（熱風循環），取出梨片以廚房紙巾擦乾，放在鋪好烘焙紙的烤盤上，送進烤箱中烤約30分鐘直至乾燥酥脆，取出後放進密封盒中保存。

糖漬檸檬皮絲
🖐 2小時

2顆有機檸檬	120毫升水
150克糖／視需要可多加	

做法

1. 檸檬皮以切片器削成長條，去掉白色的皮，再將檸檬皮切成細絲。細絲放入碗中淋上沸水，倒掉熱水，以冷水沖洗細絲。以上步驟再重複2次。
2. 水與糖在鍋中煮開，等糖完全溶解後，便放入細絲，以小火煮約10分鐘。取出細絲後瀝乾，若需要的話可以再滾上一層糖。

水果脆片
🖐 4-5 小時

新鮮水果或漿果／
例如柳橙、草莓、芒果、鳳梨、蘋果、火龍果

做法

水果或漿果切成薄片，放入食物風乾機或烤箱中以60度烤4-5小時，直到薄片乾燥酥脆。取出放涼。

食譜索引

裝飾元素

鹹味

裝飾元素

甜味

致 謝

特別感謝安娜‧拉卡托斯、妮娜‧路德維希（Nina Ludewig）、馬丁‧歐弗索爾（Martin Oversohl）、羅伯特‧普塞克及奧莉薇‧安，沒有他們的幫忙，這本書不可能出版。還有我先生雷尼（René）及家中每個成員給我的支持與鼓勵，並總是在我嘗試新食譜時樂意扮演「白老鼠」的角色。最後，我還要衷心感謝莉安妮‧柯爾夫（Lianne Kolf）對我們的大力支持。

原版製作名單

總監：宋雅‧邁爾（Sonya Mayer）

創意、概念、文字、食譜、食物造型及編務：安可‧諾克

攝影：弗羅里安‧柏爾克（Florian Bolk）

廚師：羅伯特‧普塞克（Robert Pucek）

牛肝菌菇起司串及法式巧克力慕斯食物造型：娜汀‧比徹姆（Nadine Beauchamp）

封面、裝幀設計及排版：安娜‧拉卡托斯（Anna Lakatos, www.erfinderisch.at）

〈擺盤基本要素〉素描圖：奧莉薇‧安（Olivia Ahn）

圖片版權：本書封面及折口所有照片，皆是弗羅里安‧柏爾克的作品

完美擺盤
Der perfekte Teller

163種裝飾手法、55道料理、725張圖解步驟，
布局設計 × 色味搭配 × 菜單規劃，
輕鬆營造Fine Dining精緻感

作　　　者	安可‧諾克 Anke Noack	
譯　　　者	劉于怡	

社　　　長	陳蕙慧
副 社 長	陳瀅如
總 編 輯	戴偉傑
主　　　編	李佩璇
特 約 編 輯	李偉涵
封 面 設 計	兒日設計
內 頁 排 版	李偉涵
行 銷 企 劃	陳雅雯、張詠晶

出　　　版	木馬文化事業股份有限公司
發　　　行	遠足文化事業股份有限公司（讀書共和國出版集團）
地　　　址	231 新北市新店區民權路 108-4 號 8 樓
電　　　話	(02)2218-1417
傳　　　真	(02)2218-0727
E m a i l	service@bookrep.com.tw
郵 撥 帳 號	19588272 木馬文化事業股份有限公司
客 服 專 線	0800-221-029
法 律 顧 問	華洋法律事務所　蘇文生律師
印　　　製	凱林彩印股份有限公司

初　　　版	2023 年 9 月
定　　　價	750 元
I S B N	978-626-314-494-1（平裝）

特別聲明：有關本書中的言論內容，
**　　　　　不代表本公司／出版集團之立場與意見，文責由作者自行承擔**

Der perfekte Teller by Anke Noack, Florian Bolk
Copyright: © 2022 by Christian Verlag GmbH
This edition arranged with Christian Verlag GmbH
through BIG APPLE AGENCY, INC., LABUAN, MALAYSIA.
Traditional Chinese edition copyright: 2023 ECUS PUBLISHING HOUSE
All rights reserved.

國家圖書館出版品預行編目 (CIP) 資料

完美擺盤：163 種裝飾手法、55 道料理、725 張圖解步驟，布局設
計 × 色味搭配 × 菜單規劃，輕鬆營造 Fine Dining 精緻感 / 安可．諾
克 (Anke Noak) 著；劉于怡譯 . -- 初版 . -- 新北市：木馬文化事業股
份有限公司出版：遠足文化事業股份有限公司發行, 2023.09
256　面 ;21x26　公分
譯自 : Der perfekte Teller
ISBN 978-626-314-494-1（平裝）

1.CST: 食譜 2.CST: 烹飪

427.1　　　　　　　　　　　　　　　　　　　　112011563